当代城市公共艺术价值及其数据应用

江哲丰 张 淞 ◎ 著

中国轻工业出版社

图书在版编目（CIP）数据

当代城市公共艺术价值及其数据应用 / 江哲丰，张淞
著. —北京：中国轻工业出版社，2017.7
ISBN 978-7-5184-1433-8

Ⅰ.① 当… Ⅱ.① 江… ② 张… Ⅲ.① 城市景观 –
艺术价值 – 研究 Ⅳ.① TU984 ②J114

中国版本图书馆CIP数据核字（2017）第129096号

责任编辑：毛旭林　　　责任终审：张乃柬　　　封面设计：锋尚设计
版式设计：锋尚设计　　　责任校对：燕　杰　　　责任监印：张　可

出版发行：中国轻工业出版社（北京东长安街6号，邮编：100740）
印　　刷：北京君升印刷有限公司
经　　销：各地新华书店
版　　次：2017年7月第1版第1次印刷
开　　本：787 × 1092　1/16　印张：11.5
字　　数：100千字
书　　号：ISBN 978-7-5184-1433-8　定价：68.00元
邮购电话：010-65241695　传真：65128352
发行电话：010-85119835　85119793　传真：85113293
网　　址：http://www.chlip.com.cn
Email：club@chlip.com.cn
如发现图书残缺请直接与我社邮购联系调换
170434K2X101HBW

序

　　2013年，国家社科基金艺术学青年项目"我国城市公共艺术资源信息库建设与应用研究"获批之时，正值"互联网+"时代勃兴之际，顺应时代发展的脉搏，适应公共艺术产业用户的需求，解决公共艺术产业发展过程中数据不足问题成为课题研究不可避免的历史责任。课题的初步完成极大丰富了公共艺术数据建设的内容，为艺术学与信息学的融合研究提供了全新的视野。

　　作为一种信息传播的重要媒介，城市公共艺术资源信息库将公共艺术承载的文化信息通过数据共享、数据互通的方式进行传播，既是空间文化数据化的集中总结与归纳，也是互联网语境下空间文化的集中展示及其数据应用。城市公共艺术信息资源库建设将公共艺术案例、表现媒介、理论成果、社会影响、公众参与度、政策法规等收集、整理，以资源库形式展现，并通过网络方式传播和应用。研究者基于数据价值理论与技术哲学理论，不仅仅对入库公共艺术作品本身的文化价值开展了研究，而且从技术哲学角度研究了该数据库技术选择与技术应用对于社会发展、人类生活的重要影响与意义。从而得出了"基于'WMA'解决方案的公共艺术数据系统建设是PC端公共艺术数据处理与应用的重要方向，最能精准展示空间文化数据的独特性与交互性"的结论。这一理论的产生超越了目前研究艺术信息数据库分析的所有理论，是一种理论创新。在文化兴国的大背景下，该信息库的建成不仅必要而且意义重大。

　　该信息库分析系统主要基于数据源端处理层、基础数据层、研究分析层、项目展示层等四个层次进行搭建。拥有监测、检索、分析、统计、导出、定位、推送、对接八大功能，形成完整闭环且全程智能化的公共艺术价值数据链、公共艺术项目对接服务链。该信息库的建设有效延伸与放大政府部门、研究机构、城市公民以及艺术创作者对于公共艺术建设的视野与触角，为文化传播、文化决策、文化建设、文化发展提供了重要的数据依据，是一种功能创新。"城市公共艺术资源信息库建设与应用研究"项目的基本完成是我国公共艺术领域的一件大事，填补了我国在公共艺术资源信息数据集成上的空白。

目前，虽然网络平台架构已经完成，大量实地调研的数据也已入库，一些问题也在不断凸现。诸如数据的价值导向问题、服务问题、数据的及时推送问题以及数据运用带来的交互问题等，这对未来的进一步深入研究提出了更高的要求。在"互联网＋"的大背景下，如何将开放数据运用得更有价值，尤其是在公共服务相关的数据中，做好深度挖掘，更好地服务民生，这些都将成为未来研究的主题。

当下，人类已经进入移动互联网时代，移动社交产品大行其道，信息传播的途径开始由PC端向移动端转化，此互联网已非彼互联网，信息的传递伴随着终端工具的变化而更加丰富和快捷。移动互联网技术在社交化的基础上将传统的信息获取方式由桌面移至掌心，实现了信息传递在时间与空间上的异步，社交方式更加便捷与友好。用户可以通过分享的方式，将自己获得的信息在无限大的范围内扩散。每个参与者都可以将自己的所见所感随时随地的在互联网上加以传播，由此，每个个体都成为信息的源头。未来在移动互联网中产生的与公共艺术相关的数据信息，将源自个体，指向民主、真相、救助和个体审美意识。公共艺术研究在探讨和践行公民社会理念的同时，又因互联网技术的介入而拥有了丰富而微妙的现代内涵与价值。在敏感者们的"触摸"与"点击"下，一扇新的"艺术之窗"向公众敞开。同时，与移动互联网的结合，也让滞后而封闭的艺术继续走向融合与开放。

艺术的生命之根在艺术之外——更自由的生活。

湖南大学新闻传播与影视艺术学院院长、教授、博士生导师　彭祝斌

2017.3

自序

在我国，具有公共艺术特征的艺术形式始于20世纪90年代中期。以"城市雕塑"为名目的公共艺术项目建设开始进入公众视野，成为城市景观的组成部分，也成为城市形象和地方文化主题的视觉标识，逐渐出现了一批为人们熟悉、接受和喜爱的艺术作品。此后，随着艺术媒介的变化、艺术家创作思维的自我改造与升华，理论研究的进一步深化，城市公共艺术从内涵到外延得到不断拓展，新的艺术形式不断被创造出来，装置、现成品、材料、影像、行为等艺术形式进入公众视野，最终发展成为具有当代性意义的公共艺术。北京的798、宋庄，上海的红坊、M50，深圳的华侨城以及各城市商业步行街、城市广场等区域逐渐成为国内优秀公共艺术作品的聚集区。

随着公共艺术实践的发展和信息时代的到来，学术界对于公共艺术相关的研究也在不断深化。艺术学、社会学、经济学、传播学、信息学等领域的学者都开始关注这一领域，一些热点问题如精英艺术与大众文化的关系、公共艺术与微观经济、传媒记录与艺术思想的关系、艺术表达的个人化与公共性、公共艺术与"互联网+"的结合等渐成焦点问题。公共艺术的建构性、批判性与反思性、公共艺术的伦理思考与道德关怀成为学者研究的重点内容。北京大学翁剑青教授从社会学、传播学的角度研究公共艺术建设，强调社会大众的参与、互动，认为公共艺术应体现地域文化特征。中国美术学院孙振华教授的研究从政治学、社会学、生态学层面，注重公共艺术研究的方法论。中央美术学院王中教授在《公共艺术概论》一书中对公共艺术涉及的历史、哲学、当代文化现象和公共艺术的发展趋势以及欧美国家公共艺术政策法规、实践等进行了研究和阐述，力图勾勒出公共艺术发展的整体轮廓，为我国的城市公共艺术建设和公共艺术教育寻找可能的发展方向。此外，中国艺术研究院吴士新撰写的博士学位论文《中国当代公共艺术》及论文《对公共艺术问题和我国当代公共艺术现象的分析与研究》，也是公共艺术领域较有影响力的理论研究成果。

在一个更大范围的虚拟公共领域——互联网空间，由新技术带来的公共艺术决策数据化、探讨社群化、学习触屏化正在激发出一种新的公共艺术研究模式，与之相关的新理论、新实践、新研究、新发展路径等正通过互联网媒介产生，公共艺术领域的研究正由传统的单一的线形研究进入相关性研究的无限可能之中。在讯息高速传播的传媒时代，公共艺术如何通过互联网载体有效地、建构性地介入社会？如何秉持艺术的独立性和道德关怀，而不完全沦为"主流"价值的简单执行者？公共艺术如何影响人们的感觉、思考与判断，真正介入公众的日常生活？这些问题的解决，迫切要求建立以公共艺术相关信息为内容的数据库，以数据为支撑，以新的视角切入并开展研究。

由本人领衔的科研团队经过三年时间集体开发的我国首个基于网络应用的公共艺术研究、交流平台——"我国城市公共艺术资源信息库"作为2013年国家社科基金艺术学项目"我国城市公共艺术资源信息库建设与应用研究"的最终研究成果，目前已收集了国内三十多个省市、近万个公共艺术项目数据案例、超过500位公共艺术创作者的信息，供用户进行查询、检索。该项目将国内各城市与公共艺术相关的各种信息资源，包括案例、表现媒介、理论成果、社会影响、公众参与度、政策法规等进行了收集、整理，以资源库形式展现，为公共艺术项目的决策部门、项目实施者、公众提供较为全面的信息服务，并通过网络方式研究、传播和应用。在建立数据库的基础上，我们依据收集的资料及研究的成果编著了此书，将研究过程与研究心得以专著的形式呈现给读者。

江哲丰

2017年3月于木鱼湖畔

目录

研究成果综述

本书基于国家社会科学基金青年项目"我国城市公共艺术资源信息库建设与应用研究"（项目批准号为06CTY001）研究成果梳理而成，该课题最终研究成果包括论文、研究报告、同名系统软件以及该专著。

城市公共艺术信息资源库建设与应用研究是指将国内各城市与公共艺术相关的各种信息资源（包括案例、表现媒介、理论成果、社会影响、公众参与度、政策法规等）收集、整理，以资源库形式展现，并通过网络方式传播和应用。其建设目的是为了给公共艺术项目的决策部门或者项目实施者以及公众提供全面的信息查询的平台，并为实现城市公共艺术网络化平台的探讨、研究、创新提供可能。面对理论和实践的双重需求，重新审视我国现有的公共艺术发展现状与研究体系，找准问题并提出解决方案，重新检视新时期我国公共艺术发展的现状与发展规律，构建反映公共艺术现实状况的信息资源体系，不仅必要而且意义重大。

该项目研究成果共分十四个方面，均以文字的方式整合到了该书中与读者分享，具体内容如下。

（1）"我国城市公共艺术信息资源库"的建设。课题组在整合现有实践成果的基础上，将与公共艺术相关的作品、人物、著作等视为一种记录公共艺术信息的载体，即公共艺术文献，采用文献学与知识工程的研究方法、技术路线来构建公共艺术信息资源库。该信息资源库包括七大模块，包括艺术家、艺术品、理论与政策、展览、咨询、交艺网、艺术爬虫，除交艺网链接到雅昌艺术网外，其余六大模块都是由我们自主开发设计。其中，艺术家模块收集了大量活跃于公共艺术领域的艺术人物，将其代表作品、生平信息进行整理，并收录于资源库；艺术品栏目是信息资源库的核心，也是我们网站建设的重点。目前共收录作品2419件，艺术品栏目以图文列表和文字列表两种方式来呈现公共艺术作品。系统允许一件艺术品最多上传六张图片。同时可依据筛选条件如材质、空间、地域进行检索；理论与政策栏目分四部分：重大事件、学术期刊、学术著作、博硕论文，所有信息以题录的形式呈现，只收录文献的相关信息，不收录文献本身；展览部分为全国近期发生的具有一定社会价值及影响力的公共艺术活动；资讯频道下设原创、快讯、头条三大块，都是以独家、原创、转载、编译等方式网罗全国最前沿的艺术讯息并第一时间呈现最全面、最专业的艺术资讯；艺术爬虫模块通过输入网址和关键词，收集网络上的公共艺术信息。

（2）国际化视野下的城市公共艺术案例研究。研究通过对国内外城市公共艺术案例的解读分析，揭示出新形势下公共艺术的文化生态——公共艺术不再是简单的城市装饰品，而是定位于创造和提升城市美学品质、注重物质文化消费、平衡生态环境、促进自然社会可持续发展等方面。

（3）城市公共艺术发展思潮研究。对中国公共艺术思潮发展的变革及其动因进行了深入分析，从具体的艺术事件中梳理自"85美术思潮运动"后20多年来当代中国公共艺术发展的历史脉络，探明未来公共艺术思潮的发展方向。

（4）我国较发达城市公共艺术问题及其对策研究。公共艺术作为城市形象的关键要素，随着社会的发展而越来越人性化和多样化。在北、上、广、深这样的发达城市，公共艺术已不仅是城市文化的载体，越来越具备满足城市公共空间中多样化需求的综合功能。未来，艺术家在创作中该如何权衡公共艺术价值与公众期待的关系将成为公共艺术创作的首要问题。

（5）我国中小城市公共艺术建设的调查与思考。研究以长沙、太原、台州、嘉兴四个城市为调查样本，对我国中小城市公共艺术的发展现状和面临的问题进行了梳理，并就我国中小城市公共艺术在立法、规划管理、设计把关、强化运作组织等方面提出了建议。

（6）我国城市公共艺术对公众影响的调查与研究。调查中发现公共艺术在解决社会公共问题、推动城市文化建设、陶冶公众情操、提高公众参与度、推广地方文化等方面，对公众都有着深远而积极的影响。提高我国城市公共艺术对公众影响力的主要路径在于提升公众参与公共艺术创作与管理的热情与积极性。

（7）公共艺术资源库中公众交流平台的建设应用研究。在建设层面，研究在明确城市公共艺术信息资源库建设内容的基础上，系统分析公共艺术信息资源库数据源分类、元数据结构、资源库结构及功能，依照文献学与知识工程的研究方法、技术路线，总结出一套"WMA"建站方案，构建出城市公共艺术信息资源库。应用领域，研究通过对国内外艺术类信息资源库的研究分析、比较，在明确《我国城市公共艺术信息资源库》建设内容的基础上，系统地把握其建设方向，并对其形成的功能与价值进行总结、研究。

（8）城市公共艺术品的管理与维护。研究发现，伴随着城市基础建设与公共环境设施的逐步完善以及城市居民生活的日益富足，公共艺术作为一种新兴的艺术形态开始在国内大、中、小城市落户。城市的开放环境与公众艺术品位的提升更促生了公共艺术在不同公共空间的创作。尽管当下我们在公共艺术品设立方面投入巨大，但是在城市公共艺术品建成后还有根本性的问题没有得到解决，即城市公共艺术品的管理与维护。

（9）公共艺术表现媒介研究。在公共艺术的出现引发艺术与社会关系调整的背景下，研究站在公共艺术媒介的视角，立足于艺术创作和艺术审美的关系，来探讨公共艺术活动各元素之间的关系，思考公共艺术的价值取向问题，对公共艺术的相关问题进行学理性的整合。

（10）城市公共艺术项目运作模式研究。研究通过参考发达国家城市公共艺术的发展状况，对当前国内城市公共艺术项目运作模式的发展现状和面临的问题进行深入分析，对我国城市公共艺术在立法、行政管理、项目流程完善和理念普及等方面提出建议。

（11）公共艺术政策研究。研究通过分析西方发达国家的"百分比"艺术政策，针对当前我国城市公共艺术建设及现行政策实施过程中出现的诸多问题，借鉴西方成熟的发展经验，探索出适合我国城市公共艺术发展的政策方向。

（12）大数据时代的公众公共艺术话语权研究。大数据技术赋予了公众更多在公共艺术活动中表达意见的自由与机会。大数据契合了艺术家与公众之间的审美意识，公众的身份从艺术实践的接受者逐渐转变为大数据所挖掘的审美信息的制造者。大数据时代，公众与艺术家之间的这种审美契合是通过数据的理性分析达成的，它试图通过公众与艺术家共同的审美意识在数据分析基础上构建人类的普遍性审美。但另一方面，大数据并不能完全支配公共艺术创作过程。大数据进入公共艺术领域，只能依据数据分析预测将来会怎样，无法对其本身的终极意义进行追问。

（13）公共艺术与人类交互行为研究。针对交互式公共艺术品与人类之间发生互动的"行为"，以高校校园中的公共艺术为案例样本进行深入探索，阐述了校园人群与公共艺术之间交互行为的方式与特点。通过案例研究，为高校校园公共艺术品的创作提供了一种全新的视角。

（14）高校校园公共艺术系统建设研究。研究基于隐性教育观，以隐性知识的表达与传递为研究起点，针对高校校园公共艺术系统设计这一独特领域，在注重存在于系统中各要素之间内在联系以及相互作用的基础上，对校园公共艺术系统进行科学把握和整体优化设计，系统思考高校校园公共艺术的建设问题，为新形势下和谐校园的建设提供一种全新的视角。

"我国城市公共艺术资源信息库建设与应用研究"项目的基本完成是我国公共艺术领域的一件大事。该库的初步建成填补了我国在公共艺术资源信息数据集成上的空白。从此，在公共艺术领域，我国将解决依靠个体思路决策公共项目的历史问题，为项目运作过程中的数据分析、数据决策、科学决策提供解决途径。

城市公共艺术信息资源库以国内各城市街道为基本单位，将公共艺术各种零散数据和公共艺术资料进行了整理、归纳、细分，并建立数据爬虫搜索引擎，是国内外基于公共艺术数据研究的首创之举；在数据结构设计上，相对于其他类型现有的同类艺术信息资源库，本资源库有一定的突破，从推进城市公共艺术数据管理规范化、大众化需求着眼，体现了数据库的独特性，是一种方法创新。

研究成果的价值体现在以下几个方面。

（1）对我国城市公共艺术发展思潮的发展进行了梳理，对中国公共艺术思潮发展的变革及其动因进行了深入分析。课题组从具体的艺术事件中梳理自"85美术思潮运动"后20多年来当代中国公共艺术发展的历史脉络，承前启后，以此探明未来公共艺术思潮未来的发展方向。

（2）成果中形成了大量对我国城市公共艺术建设案例的调查与思考，将现有的问题进行了罗列与分析，针对性地提出了对策建议。

（3）成果通过分析西方发达国家成熟的"百分比"艺术政策，对比当前我国城市公共艺术建设及现行政策实施过程中出现的诸多问题，借鉴发达国家的发展经验，初步探索出适合我国城市公共艺术发展的政策方向。

（4）研究者站在公共艺术媒介的视角，立足于艺术创作和艺术审美的关系，来探讨公共艺术活动各元素之间的关系。通过深入调研我国城市公共艺术对公众生活产生的影响，在公共艺术的出现引发艺术与社会关系调整的背景下思考公共艺术的价值取向问题，并对公共艺术的相关问题进行了学理性的整合。从而发现了公共艺术在解决社会公共问题、推动城市文化建设、陶冶公众情操、提高公众参与度、推广地方文化等方面的诸多作用。对未来我国城市公共艺术的实践具有良好的指导作用。

（5）成果总结了城市公共艺术项目运作的创新模式。通过参考发达国家城市公共艺术建设的运作模式，对国内城市公共艺术项目运作模式的现状和面临的问题进行了深入分析，对我国城市公共艺术在立法、行政管理、项目流程完善和理念普及等方面提出了建议。

（6）成果重点研究公共艺术与人的交互行为，深入探索了人与艺术品交互行为的方式。课题组以高校校园环境中的公共艺术建设为例，通过案例演示，为高校校园公共艺术品的创作提供了一种全新的视角。

（7）初步建成的我国城市公共艺术信息资源库将与公共艺术相关的作品、

人物、著作等视为一种记录公共艺术信息的载体，即公共艺术文献，采用文献学与知识工程的研究方法、技术路线来构建公共艺术信息资源库。

（8）信息资源库网络平台的建立，为公共艺术管理部门提供了全面的信息查询，为政府职能部门制定公共艺术政策及管理公共艺术项目提供了参考数据；为公众参与公共艺术的研究、探讨提供了交互平台，对公共艺术的探讨、研究、创新具有积极意义；将近年来我国城市公共艺术零散的资源信息进行收集、整理，对我国二十多年来城市公共艺术的资源信息数据按规律进行了系统整理与编排，该研究成果对于我国城市公共艺术的数据决策具有现实意义。

第一章 导论

第一节 国内外研究现状述评及研究意义

一、国内外研究现状评述

公共艺术是泛指公共空间当中，面向公众展示的艺术作品形式，具有公共性、艺术性、大众文化性等基本特征。近年来，随着城市建设的不断发展，公共艺术建设在中国已经成为一个热点话题。作为当代城市文化艺术的重要组成部分，城市公共艺术作品已经深度融入了市民的生活环境中，成为城市不可或缺的文化符号与精神载体。传统的公共艺术形式主要以雕塑、园林景观和空间绘画为主，随着现代科技的发展，公共艺术的表现媒介不断更新换代，公共艺术表现形式也随之变得多样化。

"公共艺术"一词作为一个当代文化概念，始于西方20世纪60年代末70年代初，美国国家艺术基金会和公共服务管理局在城市中开展"艺术在公共领域""艺术在建筑领域""艺术百分比计划"等活动。近年来，随着城市艺术化理念的普及，世界各国许多城市都根据当地实际情况制定了相应的公共艺术政策，因此产生了大量具有影响力的公共艺术作品和研究理论。案例方面，芝加哥千禧公园中的皇冠喷泉、伦敦维多利亚阿伯特博物馆（V&A）和Playstation呈现的Volume交互公共艺术作品、东京"FARET立川"公共艺术工程、瑞典首都斯德哥尔摩地铁站台空间艺术等都是当代杰出的公共艺术作品。理论方面，国内外不少学者包括社会学家、艺术评论家、人类学家、经济学家等都从自身观察与思考的角度，对公共艺术或者公共艺术现象开展了广泛研究，20世纪末期英国公共艺术政策批评家贾斯汀·刘易斯从公共艺术基金的公众分配方面对艺术使用权力进行了研究；美国的公共艺术家埃利诺·哈特尼认为，美国的公共艺术不可避免地成为民主过程中各种问题的派生物，并对公共艺术的项目运作过程进行了研究；日本公共艺术研究院院长杉正澡吉从地域文化的角度，论证了文化的不同导致各国公共艺术的巨大差异；社会学家尤根·哈贝马斯（Jurgen Habermas）在《公共领域的结构转型》一书中研究了文学艺术的公共领域与文化艺术消费的伪公共领域或伪私人领域之间的关系等。

公共艺术观念在国内兴起于20世纪90年代。这一时期，以"城市雕塑"为主要形式的公共艺术项目建设广泛进入公众视野，成为城市景观的重要组成部分，担当着城市形象及地方文化主题的视觉标识，产生了一批被人们熟悉、接受和喜爱的艺术作品。"深圳人的一天"王府井群雕、南京路群雕以及各城市商业步行街所建的大型城市雕塑群成为颇具影响力的公共艺术项目，北京奥运会公共艺术项目的成功完成，对我国的公共艺术管理水平起到了极大促进作用。在学界，越来越多的学者结合中国社会实际对公共艺术开展理论研究，并形成了较强的理论体系。孙振华、翁剑青、殷双喜、王中等知名学者从政治、经济、文化、生态的角度全面论述了公共艺术与城市发展、公共艺术与人类生存、公共艺术与文化传承之间的逻辑关系，并对中国公共艺术的发展与创新进行了深入探讨。

当前，虽然从学界到业界关于公共艺术领域的研究成果已经比较丰富，但以城市公共艺术为研究内容的信息资源库研究仍是空白。一些科普类的资源信息库中提供了有限的公共艺术资源信息，仍远远不能满足使用者的需求。"互联网+"时代的公共艺术研究如果缺少基础数据支撑，对未来城市公共艺术相关问题进行研究决策是不利的。公共艺术数据信息决定了公众对待公共艺术作品的理解力、参与度以及交互方式；也决定着未来我国城市公共艺术建设的文化定位与政策约束。由此来看，国内城市公共艺术数据资源的采集与归档，城市公共艺术信息资源的整理、提炼、利用已经是一项必须尽快启动的科研任务。

二、研究意义

研究意义可归纳为以下几点。

（1）信息资源库网络平台的建立，为公共艺术管理部门提供了全面的信息查询，为政府职能部门制定公共艺术政策及管理公共艺术项目提供了参考数据。

（2）为公众参与公共艺术的研究、探讨提供了交互平台，对公共艺术的探讨、研究、创新具有积极意义。

（3）将近年来我国城市公共艺术零散的资源信息进行收集、整理，对我国二十多年来城市公共艺术的资源信息数据按规律进行了系统整理与编排，该研究成果对我国城市公共艺术的数据决策具有现实意义。

（4）本研究对城市化背景下的城市公共空间建设有着积极意义，为城市社区空间的艺术化建设提供信息资源。

（5）作为文化产业资源信息库的重要组成部分，该项目的研究成果为我国文化产业其他类别的资源信息库建设提供了很好的借鉴与参考。

第二节　研究的主要内容、基本思路及研究框架

一、主要内容

本书的研究内容主要包括以下几个方面。

1. 城市公共艺术相关理论研究

本部分研究包括：城市公共艺术思潮研究、城市公共艺术的社会学研究、公共艺术表现媒介研究、我国城市公共艺术问题及其对策研究、城市公共艺术的功能研究、我国城市公共艺术对公众的影响研究、城市公共艺术品的管理与维护研究、我国地方政府的公共艺术政策与管理体制研究等。

2. 城市公共艺术案例研究

通过对国内外城市公共艺术发展过程中的优秀案例、城市公共艺术项目运作模式开展研究，形成我国城市公共艺术建设的各类研究报告、研究对策等。

3. 公共艺术信息资源库构建技术研究

信息资源库的建设采用"WMA"方案，即"Windows Server 2008操作系统+MS SQL Server 2012数据管理引擎+Asp.net程序设计语言"。其中，Windows Server 2008操作系统是目前最为常用的工作平台，集成了对 SQL Server 2012和 Asp.net 的支持。SQL Server 2012对大数据的支持也是目前最好的，为未来系统完善与发展预留了空间。"WMA"建库方案包含以下内容。

① 以我国城市公共艺术发展为脉络，收集、整理和归纳公共艺术相关的数据资料，结合国外优秀案例，研究适合我国城市的公共艺术发展思路，为城市公共艺术的构建提供第一手资料。

② 研究制订城市公共艺术信息编制标准，归纳整理公共艺术信息元数据资料，为公共艺术信息数字资源文档化、规范化提供标准。

③ 在上述工作的基础上设计和开发信息资源库，构建网络平台，并在实际应用中不断完善和改进，实现信息的甄别与更新。

4. 公共艺术信息资源库应用研究

① 研究设计便捷实用、界面友好、交互人性的信息查询平台。

② 研究设计能实现公众探讨、研究与创新的平台，该平台能将公众输入信息进行分类处理，并将有用信息进行识别、突出、反馈，形成完善的信息资源库。

③ 研究形成具备收录和检索功能的公共艺术检索系统。

二、基本思路

1. 前期准备阶段

理论研究和实践研究相结合，收集各城市公共艺术信息的第一手资料，构建以城市公共艺术为资源内容的信息资源库构建模型、操作方法和理论体系，为项目的研究开展提供理论依据和方法支持；

2. 中期规划阶段

采用文献分析法、内容分析法、比较分析法等方法研究我国公共艺术现状及发展方向，开展相关内容的理论研究，并在此基础上设计出信息资源库系统的架构模型；

3. 后期开发验证阶段

拟将城市公共艺术案例、表现媒介、地方政策、公共艺术项目运作实施方案、各地公共艺术管理维护方法、公众影响评价等数据信息综合集成为资源库，以上述内容为基本研究内容和资源构建对象，以网络为基本呈现方式，采用拆分重构策略来组织和建设平台。具体开发过程中，我们先将资源库的结构模块化，所有公共艺术的资源信息由一系列不同而又相关联的模块组成，各模块之间通过反馈和交互手段等形成一个体系，建立各种资源的内在联系，形成资源内在的知识网络。使用者可根据自己的需要使用各模块，也可拆分重构进行需求组合。

三、研究框架

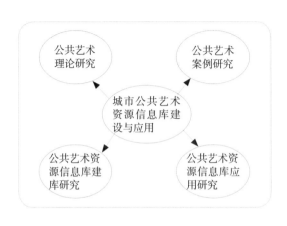

1. 研究方法

（1）调查分析法：实地调查拍摄图片，走访相关部门和公共艺术项目的创作者，将与公共艺术案例相关且有研究价值的资料进行提取、整理。

（2）文献分析法：利用文献分析法收集和整理相关城市公共艺术品的资料，并将资料进行引用、研究，为项目研究寻找理论依据和支撑。

（3）内容分析法：采用内容分析法深度分析公共艺术资源信息的深层次意义，并在此基础上对信息进行分类和规划。

（4）比较分析法：选择国内外具有代表性的案例进行比较分析，取得鲜活的第一手资料。

2. 研究重点

① 本书研究的重点是信息资源库的建设和应用，对公共艺术资源信息的分类甄别、资源库的架构等一系列实践问题进行了深入研究。

② 城市公共艺术品的案例分析、管理与维护方法、地方政府的公共艺术政策与管理、城市公共艺术项目运作模式等内容是信息库重点建设部分。

3. 研究难点

① 对城市公共艺术各种信息资源的收集是本书的研究起点，也是一大难点。目前关于这方面的文献资料较少，想要收集齐备，进而形成"集合"，需要花费大量的人力和时间。

② 现有的城市公共艺术理论与实践整体上呈现出一种纷繁无序的状态，如何将这种杂乱状态总结、归纳成为有规律的信息库，是项目研究的另一难点。

③ 资源库网络平台的管理与维护也是一大难点。

④ 公共艺术信息爬虫搜索引擎的设计与应用是建库研究过程中最有技术难度的一项工作。

4. 创新点

（1）从研究的理论层面看：本研究深入而全面地探索了数字信息时代，公共艺术如何借助网络空间实现数据决策、数据分析、数据预测的理论依据，使公共艺术与公众交互理论研究朝着数据化、互联网化的方向迈出了重要的一步，填补了国内外相关理论研究的空白。

（2）从研究的方法层面看：一是信息资源库的建立，以国内各城市街道为单位，将公共艺术各种零散数据和公共艺术资料进行了整理、归纳、细分，并建立数据爬虫搜索引擎，是国内外对公共艺术数据研究的首创之举；二是在数据结构设计上，相对于其他类型现有的信息资源库，本资源库有一定的突破，从推进城市公共艺术数据管理规范化、大众化需求着眼，体现了数据库的独特性，是一种方法创新。

（3）从研究对象层面来看：本研究在对城市公共艺术信息整理的基础上，形成具备收录和检索功能的公共艺术检索系统（信息资源库），不同于以往研究者对于公共艺术单个方面的研究，是对公共艺术信息资源的综合性研究，是一种研究对象的创新。

第二章　理论研究篇

　　公共艺术理论方面，北京大学翁剑青教授、中国美术学院孙振华教授、中央美术学院王中教授等知名学者的研究成果，在学界产生了广泛而深远的影响。翁剑青教授侧重于从社会学、传播学的角度研究公共艺术建设，强调社会大众的参与、互动，认为公共艺术应体现地域文化特征。孙振华教授从政治学、社会学、生态学层面着手研究，注重公共艺术研究的方法论。王中教授对公共艺术涉及的历史、哲学、当代文化现象和公共艺术的发展趋势以及欧美国家公共艺术政策法规、实践等进行了研究和阐述，构建了公共艺术发展的整体轮廓。此外，中国艺术研究院吴士新研究员撰写的博士学位论文《中国当代公共艺术》、上海大学周成璐教授的专著《公共艺术的场域及社会逻辑》等也是当代公共艺术理论研究领域较有影响力的成果。本章内容借鉴和学习了上述学者的研究成果，并在此基础上有针对性地对与城市公共艺术相关的思潮发展、政策扶持、资金投入、社会影响、项目实施、表现形式、地域文化等内容进行了深入探索和研究。

第一节　城市公共艺术思潮在当代中国的启蒙、演变与展望

　　2013年10月，《画刊》杂志第10期刊登了孙振华先生在第七届中国美术批评家年会上的与会文章——《雕塑：从1994到2012——关于五人雕塑展》。文中，孙先生以五位雕塑家傅中望、隋建国、张永见、展望、姜杰分别于1994年和2012年在北京和武汉举办的两次引发业界极大关注的雕塑展为线索，对当代中国雕塑艺术在发展过程中的变革与创新进行了深入分析。

　　如果将城雕、装置等艺术形式看作中国当代城市公共艺术的一个重要组成部分，研究孙先生在《雕塑：从1994到2012——关于五人雕塑展》一文中对五位艺术家不同时期艺术特征的总结，则为我们研究当代中国公共艺术的发展思潮提供了具体的实践范本。孙先生以关键词的形式，对雕塑家、作品、环境共同组成的当代公共艺术二十年来发展的社会语境进行了清晰的概括。总结的两段文字摘录于下：

其一，"严格地说，'雕塑1994'是五位雕塑家的'自选集'，它由五个相对独立的部分组成，我们甚至可以认为它是五个相对独立的小展览。这么说，并不意味着否认这些作品的共同性；恰恰相反，这五个人所共同呈现的特点正是他们当时能够在当代雕塑中引领风骚的原因所在。这些共同的特点可归纳为以下关键词：'个人''观念''媒介''空间'……。"其二，"从1994年到2012年，这段时间内，这几位雕塑家的创作在整体上仍保持了他们的基本特点，从五位艺术家的整体状态看，他们的变化也非常突出，这些变化代表了当代雕塑在这20年里所取得的进展，概括起来可以归纳为以下几个关键词：'身份''互动''时间''场域'……。"[①]

仔细分析孙先生文中前后两次描述的关键词变化，从1994年的"个人""观念""媒介""空间"到2012年的"身份""互动""时间""场域"，从字面上看，有了较大变化，其所体现的意义绝不只在文字本身，关键词背后凸现的当代中国公共艺术的变革、创新及其发展动因才是我们深入探究的重点，它反映了当代公共艺术思潮发展过程中的现实情境。

一、"雕塑1994"——中国公共艺术的思想启蒙

孙振华先生将"雕塑1994"展览的特征概括为："个人""观念""媒介""空间"。这种总结客观上源于对中国社会刚刚经历的"85美术思潮运动"的反思。事实上，我们也可以直接用"85思想运动"来定义"85美术思潮运动"时期。因为这一时期就整个社会而言，不光只有美术思潮发生了巨大的改变，其他一切文艺思想、社会观念都随着当时政治、经济、生活的剧烈变革发生了翻天覆地的变化，正是这种自上而下的社会思潮的剧烈变革，为当代中国公共艺术思想的启蒙提供了滋生的土壤。

孙振华先生对"雕塑1994"展览中总结的一系列关键词，其实是对"85美术思潮"时期观念的比对，也是对雕塑艺术从"85美术思潮"时期一路走来的反思与追溯，这源于展览中许多作品都陆续诞生于"85美术思潮运动"后的几年之中。"个人"一词是相对于"85美术思潮"时期的"集体模式"而言，"雕塑1994"颠覆了"85美术思潮"时期艺术创作的"集体模式"，艺术家开始真正按自己的想法创作作品，让艺术回到自身。"观念"的表达则是对"85美术思潮"前存在的政治性"宏大叙事性"的挑战。"观念"一词的引入，说明作为公共艺术的雕塑在形式和内容上已经开始对中国社会的具体问题、文化、现实生活进

---

① 孙振华·雕塑：从1994到2012—关于五人雕塑展[J]. 画刊，2013.（10）

行呈现和批判。"媒介"则是指材料的选择,"雕塑1994"中雕塑家对于雕塑媒介开始有了自觉和理性的认识,匡正了"85美术思潮"时期材料至上、媒介单一的问题,转而积极探索新的媒介装置,为传统雕塑艺术以多种物质形式存在提供了可能。"空间"概念的引入预示着艺术空间开始多样化,为当代雕塑在不同空间的创建打下了基础。

"雕塑1994"展中所折射的艺术家的内心世界正是同时期雕塑艺术界普遍的价值观,这种价值观的形成在某种程度上取决于"85美术思潮"中寻找的以"现代化"为目标的视觉社会实践。从此,艺术走向平民化的思想和自由开放的艺术观点开始成为文艺思潮的主流,为后来城市雕塑艺术注入"公共性"血液奠定了广泛的群众根基。但是从当代艺术创作的视角来看,"85美术思潮运动"依然染有浓厚的目的论和决定论色彩,在具体的艺术创作中存在着"群体式""运动式"等问题,也导致了这个阶段早期的雕塑作品大多只有公共形式,没有属于当代公共艺术的内涵,这种情况直到20世纪90年代后才慢慢发生改变。

按照当代公共艺术学界目前对公共艺术做出的普遍定义:公共艺术是指市民社会参与的公共空间中,由公共权力决定的艺术形式,公共艺术创建的目的是为了达到健康、良好的公共美术诉求,应具有公众性和艺术性双层属性。事实上,真正对中国城市艺术的"公共性"启蒙有着强大推动作用的力量主要来自20世纪60年代以来的欧美社会思潮和各种文艺思潮。"二战"后,呼唤艺术文化的公共性、民众性和社会公益性成为20世纪以来世界各国的重要话题和理想社会的一部分。受大量新艺术理论的影响,欧美诸多艺术理论家、批评家、社会学家从市民社会、大众艺术的角度对艺术重新定位。宏观来看,这些艺术思想对20世纪90年代以来中国公共艺术的发展影响巨大,成为当代中国公共艺术滥觞的另一个重要源头,这一点我们可从以下几位欧美著名史学家、社会学家、艺术家的论断中一探究竟。

美国著名城市规划家、社会历史学家刘易斯·芒福德(Lewis Mumford)在其著作《城市发展史》中指出:"如果城市所实现的生活不是它自身的一种褒奖,那么为城市的发展形成而付出的全部牺牲都将毫无意义。无论扩大的权力还是有限的物质财富、都不能抵偿哪怕是一天丧失了的美、亲情和欢乐的享受。"①美国美术史家格兰特·凯斯特(GrantKester)提到:"公共的现代概念与经商的中产阶级的兴起有关,他们反对17、18世纪欧洲的专制统治,为争取政治

---

① 刘易斯·芒福德·城市发展史[M],北京:中国建筑工业出版社,1989:85.

权力而进行斗争。①根据凯斯特在他的《艺术与美国的公共领域》中的观点，认为严格意义上的公共艺术必须具备三个特点：一、它是一种在法定艺术机构以外的实际空间中的艺术，即公共艺术必须走出美术馆和博物馆；二、它必须与观众相联系，即公共艺术要走进大街小巷、楼房车站，和最广大的人民群众打成一片；三、公共赞助艺术创作。英国社会学家安东尼·吉登斯认为：第三条道路的理论主张建立政府与市民社会之间的合作互助关系。培养公民精神，鼓励公民对政治生活的积极参与，发挥民间组织的主动性，使它们承担起更多适合的职能，参与政府的有关决策。②

另外，应该重点提到的是，20世纪80年代末，德国著名雕塑艺术家约瑟夫·波伊斯（Joseph Beuys）将"社会雕塑"的概念带到了中国。他强调生活中的每个人都在进行艺术活动，生活中的每件物品都是艺术元素，每个人都是改造并雕塑这个社会的艺术家，这种观点对中国公共艺术早期的发展影响非常大。以雕塑家个人为主体，以个人生存体验为基础，以个人对世界的观察、理解、表达为出发点的新艺术思潮逐渐形成。许多当代公共雕塑家抛弃了各种约定俗成的制约，真正按自己的想法去做作品，让艺术回到自身。

除了社会学、文艺学的理论影响，这一时期欧美国家艺术界出现的极限主义、波普主义、欧普主义、大地艺术等艺术流派也对20世纪90年代后公共艺术的创作产生了重大影响。

对于"雕塑1994"展而言，雕塑艺术中明显看到欧美文艺思想影响的痕迹，并开始具备了"公共性"的某些特征，传达出一种浓厚的"个人""观念"以"媒介"形式在公共"空间"中进行表达的符号特征，展览在当时艺术界引发的社会影响说明当代公共艺术思想观念在中国社会的文艺思潮中开始拥有了一席之地。

二、"雕塑2012"——"后现代"主义语境中公共艺术思潮的演变

"雕塑1994"展后的十多年里，数以亿计的农民进入城市成为"城市公民"，城市化进程不断加速。新的民族大融合动摇了千百年来地域文化的根基，受到后现代主义观念的影响，逐渐兴起的大众文化、多元文化、消费文化、商业文化等"后现代"文化逐渐成为社会文化的主流，为当代公共艺术的蓬勃发展注

① Grant Kester，"*Crowds and Connoisseurs: Art and the Public Sphere in America*"，*A Companion to Contemporary Art Since 1945*，Amelia Jones (Editor)，Wiley-Blackwell，2006.
② 段忠桥主编. 当代国外社会思潮[M]. 北京：中国人民大学出版社，2001：382.

入了新的文化生命力。随着社会经济逐步活跃、社会市民化程度增加，社会政治制度更加民主，公共权力不断扩大，真正意义上的城市公共艺术开始出现，并以一种不同于传统雕塑、装置艺术的崭新面貌出现在大众面前。

"后现代"时代的公共艺术整体上呈现出无深度、视觉化、类像化、追求视觉快感、体验刺激的特征。"后现代"文化影响下的城市商业空间处处充满着与消费经济相关的公共艺术产品，一些公共艺术以随手可得的日常生活用品作为艺术创作的取材对象，它们快速出现，也快速消亡，呈现出一种极强的"波普"风格。

W.韦尔什在他的《我的后现代的现代》一书中认为，后现代思想可以归结为这样一种态度：首先，后现代社会的人们生活在一个多元化的文化间际性中；其次，后现代阐明了所有统一模式在学术上和实践上的失败；再次，相对于纯粹任意和完全同一，后现代包含着对多元性的认可。① 上海大学研究公共艺术的周成璐教授认为：后现代主义将注意力转向了社会的边缘地带，转向各种被视为理所当然的事物、被忽视了的事物、被压抑之物、怪诞之物、被征服之物、被遗弃之物、边缘之物、偶然之物等。而这些边缘地带正是多元文化的孳生地，同时它们也是成功的公共艺术作品的主要题材之一。②

在来势汹汹的"后现代"文化影响下，当代城市公共艺术在表现形式、表现媒介、理论视域上有了明显的新变化，在某些方面其至完全颠覆了雕塑、装置艺术的传统视角。一些公共艺术在文化、观念、互动、空间、寓意、夸张、新观念、时间、场域表达上下足了功夫，如某些公共艺术作品开始以一种新的姿态展示商业社会的文化个性和文化身份；也有一部分作品开始走入市民空间与公众进行互动，让市民从体验中得到满足，还有一些作品开始试图传达一种特定的场所精神等。同时，多元文化泛滥也造成了公共艺术在概念、功能价值等方面的混乱，如学界产生了何为当代公共艺术的辩论以及公共艺术是为精神而存在还是为娱乐而设计的两大阵营。在这一背景下，2004年，深圳首届以公共艺术命名的高峰论坛——"公共艺术在中国"在深圳举办，深入讨论关于公共艺术的各种问题。此次学术研讨涉及面比较宽泛，无论从深度还是广度上来说，都比较完整地反映了后现代主义观念影响下公共艺术理论的研究状态，对公共艺术的理性发展起着至关重要的作用。

8年后，五位著名雕塑家在湖北美术馆再次举办"雕塑2012联展"，成为中

---

① R.A.马尔. 现代、后现代与文化的多元性[J]. 国外社会科学，1995，(2)：35.

② 周成璐，张予矛. 后现代思潮与公共艺术[J]. 郑州大学学报，2008，(11)：116.

国当代公共艺术理性表达的标志性事件。孙振华先生将这次展览的关键词定义
为"身份""互动""时间""场域"，既是对21世纪10多年来公共艺术发展思潮
的一种诠释和定位，又是对"雕塑1994"展后十多年公共艺术发展的一种新总
结。这里的"身份"指的是作品的文化身份，是城市文化、地域文化和传统文
化集中展示的一种体现。而"互动"则指向公众的体验与感受。事实上，"互动"
概念在21世纪初的前后几年就开始出现，并且随着现代科技的发展和公众需求
的增长成为一种迅速推广的主流形势，与传统公共艺术形式相比，具有"互动"
特征的公共艺术品更注重公众的体验与身体感受。"时间"则是艺术家创作过
程的体现与强调，让时间成为当代雕塑的一个重要维度，让作品更立体、直观
地展示给观众。"场域"在这里作为一种新的理念出现。法国社会学家布迪厄
的认为：场域是指一定场所内有内含力量的、有生气的、有潜力的相互存在。
湖南师范大学已故艺术评论家滕小松教授曾表示："场域"就是抗"熵化"即
反"耗散"。"耗散"理论是"85美术思潮"时期的著名理论，指的是过多的存
在没有达到凝聚的效果，反而构成了信息的流失与消散。"雕塑2012联展"中
所存在的"场域"实际上是指艺术品与公众、空间环境三者之间架构成的一种
场所气氛，一种认同感。"场域"释放出与之相关的文化气息，并放亮了本次展
览的"公共性"。

　　相对于"雕塑1994联展"，"雕塑2012联展"已明显扩大了视角范围，并呈
现出一种努力与公众对话的姿态。事实上，通过对这次展览衍生出的关键词还
可以更多，比如"科技涉入"。"科技涉入"是指当代公共艺术正在积极思考对
科技材料的突破，包括数字技术、声音技术等各方面。"科技涉入"公共艺术一
方面是当代科技迅猛发展的结果，另一方面也是20世纪60年代以来欧普艺术对
当代公共艺术影响的一种延续。"科技"与公共艺术的结合，诞生了很多无法具
体定义形式的高科技装置艺术作品，很多时候，这些装置事实上是雕塑，但又
超越了这个领域。"雕塑2012联展"中傅中望的《天井》，隋建国的《大提速》
都属于这种形式。另外，"回溯"也是当下公共艺术发展较为明显的特征。"回
溯"指的是公共艺术在形式和内容上对传统的回归。近年来，国学开始盛行，
"传统"被重新赋予新的定义和期望，部分公共艺术品呈现出一种独特的"中
国式语言"，如姜杰的《皇帝没到过的地方》(图2-1)《游龙》等作品。而关键
词"探索"则普遍存在于当代公共艺术家的创作之中，隋建国、傅中望的作品
都充满了对时间和运动的探索。事实上，在新未来主义观念的影响下，极具探
索性的新公共艺术形式正成为当下公共艺术家探索的重要方向。在2013年亚洲
现代雕塑家协会作品年展上我们开始看到：无论是张永强的作品《蜻蜓》(图

2-2），曾振伟的《赛龙舟》，还是傅新民的《文明的碎片》（图2-3），我们都能直观地感受到，艺术家们在继承传统的基础上，表现出强烈的试图寻找未来雕塑艺术新形式的欲望。

图2-1　姜杰作品《皇帝没有到过的地方》

图2-2　张永强作品《蜻蜓》　　　图2-3　傅新民作品《文明的碎片》

三、与政治、经济、文化对话——未来中国公共艺术思潮发展方向

2015年10月，中共中央出台《中共中央关于繁荣与发展社会主义文艺的意见》。《意见》重点指出：文艺应坚持以人民为中心的创作导向，其核心就是强调艺术家应该创作具有中国文化特征、反映中国主流价值观、激发正能量、无愧于时代的艺术作品；强调中国精神成为社会主义文艺的灵魂。

　　如果将城市公共艺术的建设纳入我国文化事业的大视野来看，未来中国城市公共艺术建设一定与政治文化、经济文化、民族文化三种文化的关系越来越密切，公共艺术在某种程度上将成为我国文化变迁的"反光镜"。对此，德国柏林自由大学公共艺术教授西本哈尔持有相同观点，在2013年6月福建漳州举办的"从卡塞尔走来——漳州国际公共艺术展"上，西本哈尔教授直言："在德国，公共艺术其实是一个城市政治、经济和文化政策的交接点，这一点我相信对中国也有一些启发意义。"①

　　事实上，无论是"85思潮"前后城市雕塑的政治表达，还是"雕塑1994"中的凸显的"个人""观念""媒介""空间"思想抑或是"雕塑2012"中传达的"身份""互动""时间""场域"等观点，无不折射出艺术家内心对社会政治、经济、文化的述求。公共艺术在发展过程中无论呈现出何种"姿态"，总是离不开对政治、经济、文化这三个重要维度的集中表达。从这三个维度出发，未来我国公共艺术研究视域也将更加关注现实文化、传统文化以及生态文化。

　　经过20多年的发展，当代城市公共艺术已经呈现出百花齐放的面貌，其样式与功能都发生了显著变化。事实证明：城市公共艺术普及度越高，即说明市民在某种程度上拥有更高的公共话语权，也在一定程度上映射出城市经济发展规模。未来的公共艺术研究的核心是社会现实生活，城市公民真实的生存状态，市民的权力诉求以及城市经济发展规模与速度，这也是公共艺术自身属性的内在需求。公共艺术与政治、经济三者之间融合发展，是一种常态现象。从"85美术思潮"前后雕塑的"宏大叙事"到20世纪90年代以来的公共艺术都基本具备这一特征。自20世纪90年代以来的某些公共艺术展中即有了这种迹象。"雕塑1994展"中的部分作品已经有了对现实社会的批判与现实的呈现以及对"微观政治"的思考，孙振华先生谓之为"观念"。1996年，孙振华先生独创了《深圳人的一天》主题群雕作品，以"叙事"的方式反映具体的生活状态。从1998年深圳当代年度雕塑展、2000年青岛雕塑园展会、杭州国际雕塑展，再到2013年亚洲现代雕塑家协会作品年展、"2014AAC艺术中国雕塑年度艺术家初评"选送的许多作品，都呈现出强烈的现实主义痕迹。这种痕迹往往从许多作品中的"微叙事"形式中体现出来，2013年，深圳雕塑院在广场上创作的公共艺术以大量电子垃圾为元素，组合成大型的装置艺术品，用"微叙事"的方式向人们说明大量工业产品对人类经济产生正面效应的同时，也对整个城市的生态和发展构成威胁，对此进行警惕和批判。翁剑青在"2014AAC艺术中国雕塑年度艺术家

① 辛文. 新美学的崛起—公共艺术与城市文化建设研讨会综述[J]. 2013（08）.

初评"会上直言：当代公共艺术关注的重点之一是具备批判精神的"微叙事创作"，这是用艺术方式关注现实生活的具体体现。

"关注现实"需将公共艺术引向两个舞台：一是关心政治、关心社会、关心城市经济、关心公共需求，这需要从日常生活出发寻找题材；二是以批判的态度去批判现实中存在的问题，以积极、正面的导向去创作公共艺术。

从文化的层面来看，近20年来，"后现代"主义文化虽然为当代公共艺术注入了多元的文化养分，极大地扩展了当代公共艺术的样式和功能。然而，当我们回过头重新思考这种文化带给我们的影响时却发现，"后现代"文化在让城市生活缤纷多彩的同时，却也间接伤害了传统文化，在一定程度上消解了中国传统文化的精神力量。中央美术学院殷双喜教授在"2014AAC艺术中国雕塑年度论坛"上强调："中国城市扩张进入了反思阶段，现在我们要重新思考城市和公共艺术之间的关系。"这个关系就是指城市文化与艺术之间的关系，就是我们未来的城市公共艺术究竟需要什么文化养料的问题。鉴于此，公共艺术"回归传统"将是大势所趋。传统思想与当代观念在冲突、涤荡中不断融合，避免了多元文化的泛化，自身的定位也越来越清晰。这种融合将逐渐形成一种以弘扬传统为核心的新文化艺术观，成为公共艺术养分补给的重要来源。在2013年6月福建漳州举办的"从卡塞尔走来——漳州国际公共艺术展"上，中国美术馆馆长范迪安从大文化角度将城市建设模式总结为"新美学的崛起"。这种"新美学"概念的提出就是指以传统文化为核心的多元文化交融的新文化资源观。

另外，"关注生态文化"也将作为对城市建设的一种反思而成为城市公共艺术未来重要的发展方向。生态文化概念与中国人千百年来所崇尚的自然、和谐、诗意、宁静的传统哲学观是不谋而合的。在现代城市建设飞快发展、日常生活紧张、激烈的今天，生态文化理念的提出是满足现代城市居民心理需求的重要途径。孙振华教授认为：城市是由经济、社会、环境等复合综合因素构成的生态系统。城市就像人一样，会呼吸吐纳、也会失调生病，因此我们在城市化进程中要整体地改造城市，不能破坏它的生态平衡。[①]孙先生所指的城市发展与"生态"的保护问题实则是指城市健康、良性发展与城市公共艺术生态建设的问题。探索城市公共艺术生态建设的重点就是探索公共艺术与社会、经济、自然的生态协调性；探索公共艺术与人文生态、自然生态的对应关系；探索艺术材料资源的可再生和综合利用水平，让自然环境的演进过程得到保护；同时，着力于提升城市居民自觉的生态意识和环境价值观，尊重生命、尊重环境。

---

① 孙振华. 走向生态文明的城市艺术[J]. 雕塑. 2012（5）.

公共艺术与城市生态环境的关系如此之重要，因而从其功能上来讲，如果使用得当，城市公共艺术将成为"治疗"城市生态问题的"良药"；使用不好，便会加剧和激发城市生命体中的各种矛盾。

然而，自"85美术思潮运动"以来，一个普遍的问题是：中国当代城市公共艺术建设大都忽略了城市原有的生态文明，一定程度上破坏了生态的平衡。反观20年来城市公共艺术的发展，我们很清晰地看到，科学理性及商业利益给社会带来了物质的丰裕和生活的便捷，同时，我们的城市生态环境破坏却日趋严重。未来，我们要建设人性化、诗意化的城市环境，如何创作与之适应的城市公共艺术已经成为城市化背景下亟待解决的问题。

当然，我们也欣喜地看到，随着公共艺术理论研究的不断深入，当代公共艺术发展视野不断拓展，公共艺术的形式与内涵不断得到充实与延伸，在某些发达城市如深圳、杭州等地，城市公共艺术已渐渐有回归自然的迹象，如这些城市近两年来创作的地景艺术、自然艺术等，让公众于城市的纷繁芜杂之中得到心灵的安逸与平和，感受善与美的淳朴，回归理想与诗意的境界，这已然成为当下公共艺术发展中的一个重要方面。在可以预想的未来，我国公共艺术应该会以一种更加亲切、优雅的姿态，成为新时期展示中国城市生态文化的名片。

第二节　城市公共艺术相关政策问题

从20世纪末开始，随着我国城市化进程的加快，各级政府部门出于美化城市、传播文化以及市民精神文明建设的需要，相继成立城市雕塑委员会或城雕管理办公室等机构，负责管理城市艺术建设，并陆续颁布了雕塑建设的整体规划或布局指导性意见，用以指导城市雕塑艺术的规划实施。近二十年来的城市雕塑艺术建设是我国城市公共艺术建设的初级阶段，客观上也成为当代城市公共艺术的重要组成部分。据最新统计数据表明：截止到2016年止，全国661个城市，已创作雕塑作品达到10万余件，其他形式的公共艺术作品正以几何倍数快速增长。然而一个不争的事实是，公共艺术政策与制度设计的滞后导致目前各大城市创作出的艺术作品问题重重，而当代都市碎片文化的主流化趋势也致使许多公共艺术作品价值取向不明、艺术性不高、创造性不够、公共精神缺失。同时，在民族文化的价值发现与价值解构上，当代公共艺术也在整体呈现出一种弥散与孱弱的状态。

自雕塑后，公共装置艺术、公共影像艺术、公共现成品艺术、公共行为艺术都被赋予"社会艺术"之名而登上当代中国城市发展历史舞台，它们被统称为"公共艺术"(Public Art)。随着国力的不断强盛与中华文化传播的强烈需求，城市公共艺术的社会功能及相关概念内涵和外延正被逐渐放大和延伸。在城市历史发展的新时期，城市公共艺术被赋予新的历史意义。从公众角度出发，借鉴国外城市成熟的公共艺术经验，依据新时期公共艺术建设和创作规律制定新的、完善的公共艺术政策，建立一套完善的既体现国家意志又能促进我国城市公共艺术健康发展的公共艺术政策制度已经势在必行。

一、历史沿革："百分比"政策在国内外的发展状况

在学界，公认西方发达国家的公共艺术政策理论与实践萌芽出现在20世纪60年代。在其后的数十年间，随着相关政策不断创新与完善，理论体系建设不断丰富，实践成果不断推陈出新，城市公共艺术早已成为很多发达国家国家文化的标志。就政策层面而言，在西方国家很多城市都沿用一项称为"公共艺术百分比"政策的制度来指导城市公共艺术建设。其核心内容为：以政策法规的形式规定在城市建筑项目或公共空间建设中所涉及的公共艺术经费所占的具体比例以百分比的形式体现。同时，由公众参与和决定生活空间中的公共艺术项目。

美国费城于1959年开始执行这一政策，当时政策涉及的主要是建筑空间中的雕塑和壁画，内容较为单一。随后几年，美国其他城市相继引入这一政策来指导本市的公共艺术建设。纽约于1983年通过"百分比"政策条款。该政策规定了公共艺术家及作品的甄选方式，首次提及了公共艺术品的设定地点与艺术品、环境空间的特定功能之间的关系。在这部政策的指引下，该市建设了"公共艺术家作品幻灯片登录系统数据库"，以此作为获取艺术家及其作品风格的重要途径。洛杉矶于1984年通过了公共艺术政策法规，明文规定：凡是市内的建设，必须拨出经费的百分之一用于艺术活动，扩大了公共艺术建设的范围，其中对艺术计划、艺术设施的指定突破了早期公共艺术局限于建筑空间的概念。洛杉矶公共艺术政策推动了现代城市公共艺术的新发展，标志着现代公共艺术政策真正成熟。以洛杉矶为代表的公共艺术政策成为世界许多国家城市公共艺术政策的主要框架。[①]

德国政府于1952年制定建筑物艺术政策，由政府统一为艺术家提供赞助和委托。1973年，布莱梅市决定改变以往的建筑物艺术政策，率先提出"公共空间艺术"理念，形成一种新的文化政策。该政策也确定了政府投资的公共空间建

---

① 刘文沛，紫舟. 源流与参照—公共艺术政策初探[J]. 公共艺术. 2013. 5-11.

设必须有2%左右的公共艺术资金投入。此后柏林于1979年通过公共艺术办法，汉堡于1981年通过公共空间艺术法案等系列政策与法规。法国国立美术中心于1983年成立公共艺术基金，由文化通讯部机构——美术代表会补助。公共艺术项目经费从美术代表会或国家美术中心负担的研究预算分拨，因项目而异，最多可负担全部费用。若艺术品为当地代表性古迹，执行制作费由委托人及建筑与教会指导团承担，当地的美术代表团一般负担专案经费的 20%~40%。英国的公共艺术发展较晚，1988年3月才由英国艺术委员会、苏格兰艺术委员会、韦尔斯艺术委员会、工艺委员会及各区域艺术协会共同提出"百分比艺术"（Percent for Art）主张。[1]

　　世界各国已经成熟的"百分比"政策法规，为我国各城市制定相应的城市公共艺术政策提供了良好的借鉴经验，虽然20世纪80年代末期便出现了关于城市公共艺术政策探讨的声音，但直到20世纪90年代末部分城市才陆续出台相关公共艺术政策，且这些政策的实施仅局限在部分城市范围内，缺乏具有全国性的指导政策。2005年，浙江台州在全国城市中率先实施公共艺术"百分比"政策试点，明确规定在城市规划区范围内，城市广场绿地、重要临街项目和占地10万平方米以上的工业项目、总投资3000万元以上的公共建筑、居住小区等建设项目，从其建设投资总额中提取1%的资金，用于城市开放性空间的公益性公共艺术建设。实施内容包括城市雕塑建设、公共文艺表演场所建设以及开展演出、艺术沙龙和艺术品展示等活动，开了中小城市实施公共艺术"百分比"政策的先河。[2]台州公共艺术政策的实施，引发内地其他城市的争相效仿。2007年初，国务院办公厅经研究下发《中央办公厅、国务院办公厅关于加强公共文化服务体系建设的若干意见》(中办发[2007]21号)，在文件中明确要求："落实从城市住房开发投资中提取1%用于社区公共文化设施建设的政策，积极引导社会力量以兴办实体、捐赠、赞助、免费提供设施等多种形式参与公共文化服务"。[3]

　　遗憾的是，除了台州，内地多数试验过这一政策的中小城市由于种种原因，都夭折在萌芽状态。经过二十多年的实践，我国城市公共艺术仍与实现城市艺术化整体目标相差甚远。社会发展的新时期，如何再认识"百分比政策"，借鉴其成熟的理论经验推动新型城市化发展，指导城市公共艺术创作的新方

---

[1] 马佳. 城市公共艺术项目运作组织研究. 哈尔滨工业大学博士研究生学位论文. 2009.

[2] 黎燕，陶杨华，陈乙文. 国内城市百分比公共艺术政策初探[J]. 规划师，2008：55.

[3] 中办发[2007]21号. 中央办公厅、国务院办公厅关于加强公共文化服务体系建设的若干意见.

向，解决当代公共艺术创作群体新时期面临的思想困顿，是政策研究者必须予以关注和思考的问题。

二、经验总结：西方发达国家公共艺术"百分比"政策可持续发展之源

以优秀政策制度为鉴，我们需要深入思考制定中国公共艺术政策制度的意义、目的与方向。通过良好制度的建立，让社会认识公共艺术的重要性，引导大众参与和享受公共艺术。作为一种文化福利，大众应当对公共艺术政策持更包容的态度，并不断推动相关政策制度的成熟与发展。

首先，良好的公共艺术政策制定必须具有牢固的政治、经济、历史及教育基础。

政治上，美国与英国有尊重公众话语权的传统，公众的热情参与又为政策的制定与推广实施提供了"肥沃的土壤"，牢固的群众基础为政策的实施铺平了道路。

经济上，实施了"百分比"政策的城市都经历了不同程度的经济高速发展和快速城市化过程，城市基础和功能设施有了相当程度的完善，本地居民人均GDP明显高于未制定这些政策的城市。在西方发达国家，实施百分比公共艺术政策的城市中，人均GDP超过3000美元的城市，公共艺术政策能够得到持续实施和推广。

从历史上公共艺术推广的社会导向来看，城市的艺术传统至关重要。欧洲自古就有建筑艺术的传统，古罗马、古希腊时期的建筑都结合了大量艺术装饰品，欧美国家公共艺术百分比计划正是从建筑物艺术开始。此外，公共艺术的公众基础也是公共艺术得以兴盛的源泉，公共艺术的实施、维护、管理需要接受社会公众参与、监督，这就要求该区域的公众有一定的艺术品位和艺术素养。最后，社会的文化基础也必不可少。在欧美国家，大多数城市因为文化底蕴深厚，公共文化政策大多倡导以文化为主导的城市复兴。在英国，布莱尔时期的新工党就以该思想为主导制定各项政策。

西方城市公共艺术政策制定、推广以及可持续发展的关键还在于市民拥有良好的艺术根基。在西方，艺术教育较早得以普及，艺术观念深入人心，艺术活动层出不穷。不仅艺术家懂艺术，公众懂艺术、政府决策者们也懂艺术，因而这些国家的公共艺术建设在若干年的发展过程中一路凯歌。在欧洲，每年大大小小的艺术展览、艺术活动数不胜数，公共艺术展览以及相关活动更是多达上千次。

其次，良好的公共艺术政策对于公共艺术投入资金有明确的比例分配，并建立健全了有效的管理办法。

西方各国城市公共艺术建设多年来之所以方兴未艾，另一个重要原因就是建设资金来源充足，且资金管理非常完善，资金的用途清晰、明确。国外公共艺术资金来源主要有以下几个方面：其一政府财政预算；其二由政府公共艺术管理部门设立的公共艺术基金用来筹集社会资金；其三政府各部门出于自身建设而设立的公共艺术资金，如医院、交通部门、学校等；其四私人机构、民间团体捐赠等。

在美国，1959年费城的公共艺术政策规定：公共艺术建设资金主要从建筑工程经费中拨付；在洛杉矶，负责管理公共艺术资金的洛杉矶重建局成立了文化艺术基金会，这一专门机构负责筹集社会和政府资金，并结合具体情况对公共艺术进行投资；在北卡罗来纳州，2002年3月，教堂山市议会在百分比艺术法案中规定：公共艺术经费可来自联邦、州、市镇及私人赞助，资金由议会成立的百分比艺术委员会进行管理；在佛罗里达州的蝴蝶泉市，公共艺术的资金来自企业主、市府拨款、私人捐赠、基金会筹款以及政府补助款，但该经费只能用于公共艺术的委托、购置、运输、维护、公共教育、推广、行政、搬迁及保险等作品相关的费用。在其年度公共艺术项目法条中规定：所有基金费用支出必须由"年度公共艺术计划"或其修正案来执行基金的运用，超过两万美元的支出必须得到市府委员会同意方可使用。在新西兰的奥克兰市，公共艺术经费汇集了各方面资源，有赞助款、私人基金、公共艺术购置保留款、财政预算款及地区性艺术方案转款等。[①]在德国柏林，任何建筑物，包括景观、地下工程等都需挪出公共艺术经费，结合政府投入基金用于都市空间艺术使用，激励艺术家独立创作。在汉堡，公共艺术经费主要来源于政府和民间组织，由文化局管理。政府每年固定投入100万马克用于公共空间艺术建设。1985年，西班牙开始实施百分比公共艺术政策，它的经费包括自治区的1%，国家文化部的1%，省议会的1%，还有建设单位的1%，合起来有将近4%的费用，积累了丰厚的资金资源。事实上，在西班牙，百分比公共艺术政策下的基金还需要负责维修历史古迹以及保护地方性文物等。因此，西班牙把公共艺术的涵盖范围扩大化了。[②]

最后，良好的公共艺术政策对公共艺术的范围做出了非常明确的界定。

（1）城市公共艺术的形式范围：在西方国家，公共艺术的形式是非常多样

---

① 周成璐. 公共艺术的逻辑及其社会场域[M]. 上海：复旦大学出版社，2010：172-187.
② 王中. 公共艺术概论[M]. 北京：北京大学出版社. 2007：172.

和宽泛的。既可以是永久性的雕塑、壁画、现成品艺术，也可以是临时性的装置或表演性活动；既可以是融入景观、建筑环境设计中的一部分或者公共空间中的艺术化设施，也可以是独立的艺术作品。在当代消费文化语境中，被纳入了公共艺术范畴的作品还包括艺术家用声音、灯光和色彩在空间环境中所创作的各种数字艺术品，表演活动，具有参与性、体验性、交互性的艺术品等。

（2）从事公共艺术的创作人员：公共艺术的目的是将艺术家、手工艺人的技能以及科技工作者创造的科技元素整合在创造新空间、改造空间的过程中，将城市的特色渗透在城市建设发展中，用视觉、触觉、知觉、感觉、甚至味觉来激活环境和空间。因此，在西方国家，公共艺术的创作人员早已经由传统的艺术家发展到手工艺人、材料学家、科技工作者等在建筑、自然、城市公共环境中工作的人。

（3）适合公共艺术品的城市区域：城市公共艺术所涉及的环境范围主要集中在城市中的社区、街道、建筑、商业街区、风景旅游区、城市广场、学校以及政府所在地区域。此外，交通设施如公交车站，地铁站等区域也是公共艺术政策所涉及的区域。

西方发达国家成功的城市公共艺术建设经验是城市发展过程中不可或缺的"养分"，也是人类艺术发展长河中的"瑰宝"，为我国城市建设提供了有益的借鉴。

三、他山之石："百分比"政策对我国城市公共艺术政策的启示

当前，公共艺术的创作正处在历史的转型期。学习和借鉴西方成熟的城市公共艺术政策模式"百分比公共艺术政策"，并结合我们的实际国情制定合理的政策对城市公共艺术创作进行指导是解决当下公共艺术建设问题的较好途径。中央美术学院教授王中、余丁等学者认为：公共艺术相关法律、法规的制定是保存我国城市特色文化的制度基础；2014年两会期间，全国政协委员、中国美术家协会副主席、中国雕塑院院长、全国城市雕塑艺术委员会主任吴为山教授建言：中国城市雕塑艺术建设立法已经迫在眉睫，势在必行！社会发展新常态下，我们需要制定什么样的公共艺术政策、什么样的管理体制建设城市公共艺术实际上已经成为非常重要的民生问题。在这种时代呼声下，国外"百分比"政策对我国城市公共艺术政策的研究制定就具有不同寻常的意义。

1. 建立完善的管理体系

在我国，建立完善的公共艺术管理机制，需要中央、省、市、县四级政府紧密配合、共同参与、形成联动。在此，建议由建设部、文化部牵头设立相关机构作为城市公共艺术推动实施的最高机构，研究制定未来城市公共艺术建设的总体可行性方案。方案可结合20世纪90年代制定的《城市雕塑整体规划、布局指导性意见》以及《中共中央办公厅、国务院办公厅关于加强公共文化服务体系建设的若干意见》（中办发〔2007〕21号）等文件内容，形成符合当今城市建设实际的公共艺术建设指导性政策。同时，依据《中华人民共和国城乡规划法》（2008年1月1日起施行），结合《中华人民共和国建筑法》（2011年7月1日起施行），制订城市雕塑行业全国性的法规和行业标准。并由上级部门审核后制定《关于各省加快实施城市公共艺术发展的若干政策》作为指导性意见下发各省、自治区、直辖市，由省、自治区、直辖市参照执行。

建议各省、直辖市、自治区由本地区建设厅、文化厅等相关部门组建省级公共艺术管理办公室（下称"公管办"），该办负责执行中央政策的基础上，依据本省、本地区实情，研究制定本省、本地区的公共艺术政策法规并对本区域的公共艺术建设进行管理和推动。"公管办"下设省级公共艺术建设指导委员会，该委员会可由政府、企业、高校、市民代表四方联合组成，形成轮换制度。该组织还应具有研究、审核的独立性，并在指导中成为稳定、权威的"第三方"机构。其职能主要是研究本省、本地区公共艺术建设的整体实际情况及现状，公共艺术品的维护、管理，公共艺术的政策实施情况，本地区公共艺术家信息情况收集等。并且对政府投资的各项城市公共艺术政策进行审批指导，如资金规划与审批、项目运作情况审批等。同时，也对各民营性质的建筑工程涉及公共艺术的领域提供指导性意见。同时，"公管办"设立城市公共艺术基金会。筹集社会捐款用于公共艺术建设。各地级市、县一级机构依据实际情况由建设局或文化局牵头成立公共艺术指导、实施、推动、审批委员会，依据省级部门制定的相关法律法规对公共艺术建设进行指导、推动发展。

各地级市、县由建设局成立公共艺术管理办公室，在省级公共艺术委员会的统一指导下，依据本省制定的政策制度和该地区的实际情况对城市公共艺术建设进行管理（图2-4）。

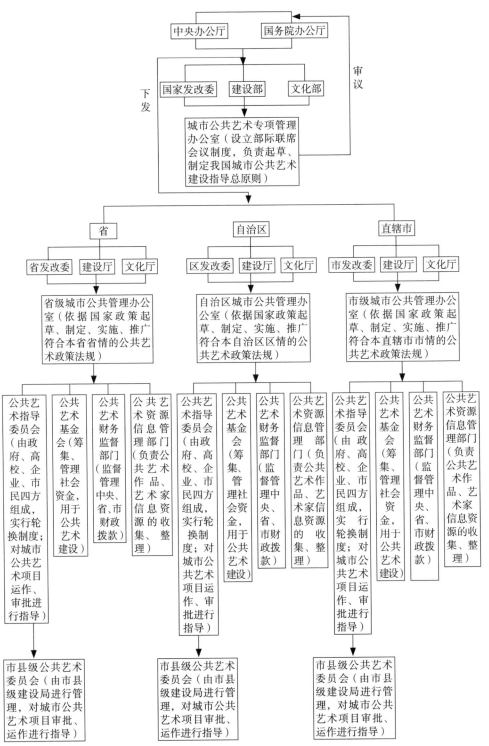

图2-4 我国城市公共艺术管理体系规则

新制度主义学派的代表道格拉斯·C. 诺斯说："制度是一个社会的游戏规则，更规范地说，他们决定人们的相互关系的系列约束。制度由非正式约束（道德、禁忌、习惯、传统）和正式的法规（宪法、法律、法令、产权）组成"。[①]正因为这样，对于我国城市公共艺术建设而言，由上而下组建相关职能机构制定相关政策并形成制度推进实施就显得尤为重要。我国城市公共艺术"百分比"政策的制定、实施、推广必须在一个由上至下的成熟框架中，依据各城市的具体情况进行。

2. 打好政策实施的基础

我国城市公共艺术政策推广和普及的基础相对于西方发达国家而言要薄弱，这种基础由多个方面的因素决定。因此在政策制定实施之前，要在政治、经济、文化、教育等多个领域打出组合拳，奠定好政策基础。

首先要加快城市经济、文化的发展速度和规模，并制定与之相当的公共艺术政策；其次要充分考虑本地区城市中不同空间环境的特点，如景区、商业场所、社区、广场、学校、公共交通场所、政府机构区域等，政策的制定因空间环境的不同而做出相应的调整；再次在制定实施公共艺术政策前充分考虑公众的感受，如生活习惯、文化氛围、消费观念等；充分考虑公众反馈意见，建立公共艺术建设的信访机制，接受市民对艺术品的投诉、建议等。做到坚决改变政府包办、领导决定、开发商说了算这种公共权力被代表的局面。最后还要大力普及公共艺术教育，强化公共艺术观念，让艺术教育形成传统。

3. 明确政策的核心内容

针对我国各城市实情制定具有普适性的公共艺术政策，其核心内容必然是一致的，并具有强制性和可操作性的基本特点，应着重突出以下几个方面的内容。

① 公共艺术政策在地方以法律或行政法规的形式通过，成为具有强制性的政策形式。

② 政策应明确公共艺术从策划、实施、完成到消费的整个过程，明确相关主体相互制约，权力和资源之间的关系等。

③ 政策规定在政府部门的建筑项目或城市公共空间建设中所涉及的公共艺术经费所占的具体比例，以明确的百分比的形式界定。在建筑企业、开发商、民营企业开发的建筑物中也必须执行这一规定，只是所占百分比数量可以按项

---

① 林岗，刘元春. 诺斯与马克思对社会制度起源和本质的两种解释[J]. 经济研究. 黑龙江省报刊中心，2000：58-66.

目预算规模而定。

④ 确定管理机构、审议机构以及行政机关的权利与义务。

⑤ 确定编列公共艺术的预算机构和预算办法及支出程序。

⑥ 确定投入资金的组成方式和资金的管理办法，同时明确管理细则等。

4. 完善各方资金的投入，并加强管理

对于城市公共艺术项目资金来源的利用与管理方面，可以学习、借鉴西方的模式，从以下三方面着手解决。

（1）政府拨款：其一，中央财政拨款。由中央财政根据各省城市化建设规模、人群数量、经济实力、文化实力等要素每年在各省公共文化扶持资金和文化产业引导资金中拿出一定比例的经费投入到各省市公共艺术建设中。其二，地方财政拨款。地方财政每年拿出一定比例资金，结合中央财政的专项拨款，由"公管办"统筹管理。"公管办"依据各市县的具体情况通过组织项目申报–审批方式将经费逐级下放，用于由政府主导的区域性公共艺术建设，如景区、商业区、城市广场、教育场所、公共交通区域等。

（2）省一级政府以下成立公共艺术基金会筹集社会资金：由各地"公管办"下属公共艺术指导委员会筹备省级公共艺术基金会，由民政厅备案。基金会面向社会企业、个人、艺术团体、社会组织公开筹集捐款用于公共艺术建设。

（3）民营建筑企业的资金利用：制定的地方公共艺术法规中应明文规定，由开发商开发的建设项目，其总投入资金的1%～2%用于该项目的公共艺术建设，该资金的使用情况由"公管办"监督实施，未用完的部分交基金会管理，纳入下次公共艺术建设的预算。

5. 保证各项政策的稳步推进和与大众认知

通过相关活动的开展与多方式的宣传，让公共艺术政策深入人心，形成一种全民参与，全民共享，全民认知的艺术政策，这将对城市公共艺术的发展起到莫大的推动作用，也将为完成城市艺术化的目标构筑坚强的基础。为此，我们可以从以下方面进行各种尝试。

① 由文化部牵头组织举办全国性公共艺术大展，从机制层面上进一步激发艺术家的公共艺术创作欲望与公众的参与热度。

② 由公共艺术基金会组织各省市开展公共艺术法制政策宣传周活动，定期在政府相关部门和城市社区进行公共艺术法制教育宣传活动。

③ 编制公共艺术设计规范守则、城市公共艺术规划方案与城市公共艺术管理细则等文本免费向社区居民发放。

④ 不定期对政府相关人员进行公共艺术知识的系统培训。

⑤ 制作网络形式的公共艺术资源信息平台，提供信息下载、阅览、交流等服务。

四、小结

随着全国新型城镇化战略规划的布局尤其是文化特色小镇建设的加速，新一届政府对公共文化事业的支持力度加大，中央专门召开了"中央城镇化会议"研究部署新型城镇"公共文化服务体系"建设。中国城镇发展迎来新一轮机遇，建设更加文明、舒适、并能体现中华民族自身文化个性特点的新型城市是未来城市建设的重要方向。社会发展新常态语境下，我国城市公共艺术新政如何落地？城市公共艺术建设如何规划？未来城市公共艺术建设是否会实现城市艺术化、民族文化聚焦的终极目标？这一切都值得期待。

第三节　城市公共艺术的功能

从经典文化的弘扬到大众文化的表达，感官刺激到宏大述事，城市公共艺术的功能随着城市生活的变革、新文化的兴起不断发展与演变。城市公共艺术品的创作早已不限于景观雕塑、装饰作品的形式，在具体表现方式上呈现出多样化的趋势，深入到城市生活的方方面面，其功能价值也进一步分层、细化，在不同的城市空间中呈现出不同的功能特点。

从更高的跨文化传播层面看，公共艺术既能加快处于不同文化背景的社会成员之间的人际交往与信息传播活动，也涉及各种文化要素在全球社会中迁移、扩散、变动。甚至对不同群体、文化、国家乃至人类共同体产生影响。跨文化传播主要关联到两个层面的内容：第一，日常生活层面的跨文化传播，主要为来自不同文化背景的社会成员解决日常交往互动中的融合、矛盾、冲突等。第二，人类文化交往层面的跨文化传播，主要指基于文化系统的差异，不同文化之间进行交往与互动的过程与影响以及由跨越文化的传播过程所决定的文化融合、发展与变迁都可以通过城市公共艺术得以实现。

一、城市公共艺术的传统功能价值

从20世纪末出现的城市群雕演化而来的我国大型城市公共艺术大都具有典型的民俗性、诗性及宏大述事等特点，它们用火热的"激情与灵魂"改变着现代城市"水泥森林"的生硬与冷漠，借助艺术的造型语言对公共性开放空间进行着渲染和烘托，以提高环境空间的艺术性与观赏性，从而创造出更富吸引力的视觉空间。随着现代城市的发展，城市人口增多，建筑的密集，工作压力等原因，人们越来越需要一个能缓解精神压力，制造愉悦空间的精神载体，而当代公共艺术作为一种特殊的艺术形式，恰恰在这个历史阶段进入了人们的视野，同时也决定了其作为人类精神寄托的载体，背负着明确的历史责任与社会使命。它的不断发展很大程度消解了因城市建筑群密集化，人际关系生疏化而造成的心理压抑，帮助人们在审美情绪发生和发展的过程中，建立起高雅和谐的心理调节机制。

作为艺术家族中的一员，公共艺术作品以审美形式为基础，通过特有的艺术形式去点缀公众的审美世界，感染与改变公众的审美情趣，让公众在感受美的同时还能主动发现美、认识美、思考美的构成。同时，城市公共艺术作为构建城市文化特色的重要组成部分，提升现代城市的文明程度，改善城市环境质量，创造具有文化价值的生活环境成为公共艺术设计之于城市生活的核心价值。从某种意义上说，公共艺术对环境空间进行调节，多与文化背景相对应，与城市文明相联系，具有实地文化特征。毫不夸张地说，公共艺术品本身就是文化的一种表现形式。

如果将城市公共艺术看作是公共文化传播的文本媒介，它还具备强烈的隐性知识信息传播功能，它以独特的传播方式对公共空间中的受众给予某种"潜移默化"的提示与影响。如在特定的空间环境中，公共艺术会成为一种具有强烈暗示性的向导标记，提供有关信息，担负起辨向定位的责任。在一些公共空间环境中，公共艺术能激发历史的记忆、触发心灵的共鸣、引发情景的思考，甚至对未来进行预判。

在许多公共艺术发展历史较久的国家，公共艺术还被赋予了更多的功能，如通过其提升经济活力，用公共艺术推动政治和谐，关注弱势群体，公共艺术促进文化繁荣等。因此，在一些发达国家，政府会通过强制性规定，在城市建设中拿出相当比例的经费用于城市公共艺术设计与建筑，力求用艺术的手段来提升城市公共建设的文化与艺术品格。

公共艺术集中体现着特定的传统社会价值，又浸透着自然生态环境以及特定的文化经验属性。城市公共艺术运用城市标志通过整合或分散的延展图形，针对不同的环境空间及使用功能进行再创造，从而达到城市理念与艺术表现的高度协调，并始终伴随着人类社会活动的参与性与互动性。城市公共艺术作为承载了城市各种文化语言的载体，其功能还有很多，同时也随着其表现媒介的不断变化而处于变化与发展之中。

二、新媒介视野中的公共艺术新功能发现

随着现代社会新技术的不断出现，新材料、新媒介也随之多样化。科技广泛应用于公共艺术创作，促使城市公共艺术的发展充满了不确定性与多元性，其新的功能价值也不断被发现。

著名香港设计公司空间实践（Spatial Practice）创造出一件名为《发光之树》的互动装置艺术作品，设计团队通过添置一系列巨大的树木造型作品，希望以此吸引公众的注意。作品所处的位置是一个关键的行人交汇口，作品本身所具有的综合功能使其成为每日穿行于此的人们短暂聚集的场所。装置作品里的树木是动态的，能够上下活动，当褶皱的外表开始活动时，其夸张的造型会带给过往的人们惊喜。每棵树的表面材料进一步增加了作品的动态效果，条纹的颜色和内部的反射，无不捕获观众的目光。

在澳洲水草丰茂的河边，三组金属结构拔地而起，它们拼合成鲷鱼群的模样，鱼鳞随风旋动，映着河中水光、天边云彩，是动画电影中的魔幻一瞥。这便是位于澳大利亚新南威尔士Bennelong公园内的公共艺术装置——"Wallumai风雕塑"。它由市府委托苏珊·米尔恩、格雷格·斯通豪斯带领的公共艺术团队和土著艺术家克里斯·托宾合作设计，依风傍水，将原住民的声音和历史带回这片土地。"Wallumai风雕塑"造型灵动，鱼头光滑，晨曦云天里、夜幕星河下，鲷鱼群似在风中水中缓缓游动。而那鱼身灿灿熠熠的风叶片，周边景致与气象投射其中，仿佛以小见大的菩提沙尘。这片曾经丰饶的土地，个中山水草木都在"Wallumai风雕塑"中变幻流动，有如历史和曾经在眼前走马灯般的回放。公共艺术以此奇思妙想讲述着也歌颂着土著的文化遗产，且它与单纯的展览不同，这不仅仅是一场回顾，不单单是抽离的重提和再述，而是将这种土著文化直直投射到当下，它们就活在"Wallumai风雕塑"的身上，深埋在这片土地的血脉里，随着鳞片变动着，随着气候转化着，脉脉深情，鲜活自在。

上海静安区的Daliah Coffee作为一个当代艺术的舞台，每48小时会通过一组新声音和色彩视觉的植入来打破日常的平衡。Daliah Coffee中的落地玻璃都会被贴上五颜六色的半透明材料，使室内形成一种人工的隔绝效果。彩色玻璃在中世纪欧洲的大教堂中象征着彼岸的光，它并非用于从内向外的观看，而是对从外向内的封闭，形成一种隔绝于日常空间的神圣领地。同时配合声音装置，数个喇叭会在某个特定的时段或随机播放日常的对话，周边的居民甚至是某些隐私都会被再组合。日常的声音秩序被暂时打断、割裂，让参与者对熟悉的空间环境产生陌生化的再审视，并让反思得以展开。

新科技型公共艺术通过虚拟媒介的运用带给公众新颖而神秘的感受，使欣赏者产生刺激而愉悦，它能短暂消解城市人的紧张与压力，激活了功能创造的无限可能。科技的涉入与观念的发展对公共艺术创作提出了新的要求，城市公共艺术创作已经不仅仅是一种技术层面的考虑，更是一种观念上的变革，它要求创作者放弃那种纯粹在外观上标新立异的习惯，而将创作变革的重心真正放到功能的创新、材料与工艺的创新、环境亲和性的创新上，以一种更为负责的态度与意识去创造最新的公共艺术形态。

观点创新与技术创新引领了当代公共艺术的新发展，为公共艺术的当代身份找到了新的定义。这种当代性在公众的精神领域里找到了契合，正是这种契合，也让具有新观念的公共艺术具备了全新的功能价值。

三、对城市公共艺术功能价值的再思考

无论是传统公共艺术带来的精神、文化体验，还是新媒介视域下呈现的碎片化体验或感官体验，其功能价值的体现都是艺术家、艺术品以及公众三方之间思维转换与话语沟通的结果。公共艺术功能创新作为一种理念，需要我们不断地在实践过程中去深化与调整。这与公共艺术的公共性认知有关，所谓公共性实际上来自于不同群体之间的一种利益的平衡。在一个城市的公共空间里面，它之所以呈现出公共性，就在于它一直有包容性，什么人都可以来。但是带来的一个问题就是，不同的人会有不同的诉求。公共艺术出自某些艺术文化社群的创作，这些社群汇集了拥有权利、金钱和知识的群体，他们有着共同的目标，分享共同对艺术的价值判断。而公共艺术涉及的空间往往在都市街道、公园或是各类公共设施用地，这些地方的使用者往往是另一个社群，他们可能对艺术毫无所知。因此，如何挖掘公共艺术中的"公共"二字以及如何检验不同社群间沟通的有效性，将成为城市公共艺术实现功能价值的永恒目标。

哈贝马斯认为公共领域的本质应是由公众和听众构成的空间，公众能在一定程度上平等对话，关心彼此交换的内容。对于公共艺术而言，这是狭义中的理解，对"公共"二字的广义理解还在于对公共艺术所涉及的公民权利的理解以及更大范围内的公共对话与公共沟通。沟通的关键在于围绕公共艺术各方能否及时、有效地掌握信息、发布信息、接受信息，这是进行交流与沟通的基础。公共艺术家扮演着掌握与信息发布主体的角色，对于政府权力和投资方的信息，艺术家要接纳并通过公共艺术作品来传递。同时，他们还要关注生活在公共空间中民众的意见信息，并反映这些信息。有学者指出：艺术家在某种意义上可以说是公共意志的执行者，在很大程度上，艺术家创作公共艺术是在作

"命题作文"但这一过程绝对不是消极被动的，而是积极主动的。而公众作为公共艺术作品信息的被动接受者，要实现信息的有效沟通，需要达成心理需求契合、对新知识信息进行再创造，从这一点来看，实现公共艺术沟通的有效性在于建立及时、有效的对话体系，即政府、艺术家、公众以及艺术作品之间构建一张可以平等对话的网络，这才是公共艺术实现"公共"价值的最终体现。

第四节 作为媒介的公共艺术

一、媒介的引出——连接社会要素的纽带

公共艺术作为一种具有公共性和当代性的艺术形式和社会文化实践，必然是跨学科的。公共艺术本身并非把这些学科领域中的知识、概念置于某种文化氛围下加以简单相加、组合，而是具有其自身的特性。问题在于，我们从何种视角去认识公共艺术才能更准确地把握它？

美国文艺学家艾布拉姆斯在1953年出版的《镜与灯——浪漫主义文论及批评传统》一书中提出了著名的文学四要素理论，为我们理解和认识艺术创作活动提供了一种可参考的理论视角。"每一件艺术品总要涉及四个要点，几乎所有力求周密的理论总会在大体上对这四个要素加以区辨，使人一目了然。第一个要素是作品，即艺术品本身。由于作品是人为的产品，所以第二个共同的要素便是生产者，即艺术家。第三，一般认为作品总得有一个直接或间接地导源于现实事物的主题——总会涉及、表现、反映某种客观状态或者与此有关的东西。这第三个要素便可以认为是由人物和行动、思想和感情、物质和事件或者超越感觉的本质所构成，常常用'自然'这个通用词来表示，我们却不妨换用一个含义更为广的中性词——世界。最后一个要素是欣赏者，即听众、观众、读者。"[①]在这个理论框架内，艺术品作为艺术文本而存在，并以此为出发点，建构作品与世界、作品与艺术家、作品与欣赏者（公众）之间的内在联系。

从艾布拉姆斯提出"文学四要素"开始，世界、艺术家、作品和欣赏者就成为我们理解艺术创作活动的框架。要认识一种艺术活动，可以首先从区分这四个部分着手进行理解——对不同部分的确定区分。换句话说，艺术活动由四种不同成分参与构成，这几种成分的界定非常清晰，不同成分之间可以交流，却

---

① [美] 艾布拉姆斯. 郦稚牛，张照进，童庆生（译）. 镜与灯—浪漫主义文论及批评传统[M]. 北京：北京大学出版社，2004.

不可以改变。尽管艾氏的理论考虑到了所有这四个要素，然而我们不难看出，艾氏明显地倾向于以作品为中心建立由世界、艺术家、作品、读者这四个要素构成的整体活动及其流动过程，也就是说，艾氏在提供理论框架的同时也为之后的学者研究艺术活动指明了方向。

在之后的研究中，北京大学青年学者陈旭光沿袭艾氏的思路，提出在世界与作品之间存在某种交互关系，并由此引申出欣赏者在与艺术世界存在对话关系的同时，也与艺术品创造的主体即艺术家发生互动对话关系，进而推断出欣赏者的接受活动不仅仅体现在欣赏作品、阅读艺术文本这一单边对话语境中，而且也体现在对艺术家的解读以及与当下社会环境的互动语境中，总之，在艺术欣赏和接受活动中存在多边互动关系。这一发现为我们进一步深入研究艺术活动提供了一个新的视角。在这个视角的指引下，"世界——作品"和"艺术家——欣赏者"并非是一个简单的循环往复关系，在这之外实际上还存在着以某种功能性因素为中介的间接关系，这种功能性因素能将艺术家的创作激情、创作灵感、创作欲望、艺术构思等投射在读者的接受活动中，并能实现作品在艺术生产、消费过程中的无障碍流转。它同时作用于艾氏所提及的四个要素"读者和作者、世界和作品"之间，既超越因读者的知识结构、阅读作品的经验等自身因素的影响而引发对世界的反应——调整改变的关系范围，也不束缚于艺术欣赏者与艺术世界和艺术品创造的主体发生对话交流的关系范围。一个伴生于艺术活动的事物渐渐浮现在我们的面前，这个功能性要素就是艺术媒介。为此，艺术活动的基本要素，就增加为五个，而且，媒介是艺术要素中最为根本的一个要素，没有这个要素，其他四个要素在艺术活动中就难以形成有效的联系。诚然，艺术创造生产的最终对象是艺术品本身，它的整体性存在是艺术形态的根本属性，但艺术品作为符号所承载的艺术信息必须在艺术审美、消费活动中发生出来，能够触发这个过程发生的"按钮"就是艺术媒介。

艺术媒介给了我们一个全新的理论视角研究公共艺术，它大大扩展了公共艺术理论的美学属性，延伸了公共艺术创作与审美活动的理论范畴，为探讨这一领域内的历史沿革、理论视域以及实践活动打开了一扇明亮的窗户。

二、媒介的作用——社会信息的物质载体

"公共艺术媒介"是指艺术家在创作公共艺术作品时将内隐在艺术家头脑中的艺术构思以及美的元素投射在与艺术创作相关联的材料（如石材、钢材、石膏、泥、塑料以及在现代科技中广泛运用的声、光、电等）中，从而形成具有独创性

的公共艺术符号系统，它是艺术家的心灵、意志的延伸与艺术材料的完美融合。这里涉及一个由内及外、由观念到物化的艺术创作过程，任何艺术材料在艺术创作结束前都是未经"雕琢"的自然之物，而艺术创作一旦完成，艺术家的创作冲动、艺术创意便和作品形成了联结，而完成这一联结的就是艺术媒介。公共艺术媒介不同于艺术材料，艺术创作活动就是把艺术家的主观思想通过特定的物质材料表达出来，在这之前艺术材料是纯自然形式的物质材料，不隐含任何人类思维与情感。经过艺术主体的艺术创作活动后，就变成负载创作主体情感的艺术媒介。

需要强调的是艺术作品在艺术活动中从始至终都是物性的存在，所谓"物性"，或者说物的因素，指的是存在于艺术品之中的物质化和能为感官所感知的对象。艺术家凭借这种物性，将情感、意识与艺术材料相融合，进而化合为客观存在的作品，由此作品脱离作者而存在，并成为欣赏者的审美对象。公共艺术本身就是一个"物性"的制作过程，一个做或造的过程。公共艺术需要制作一定的公共艺术品来表达某种对世界当下语境的关注，包括制陶、雕刻大理石、刷颜色、建筑房子等。每一种公共艺术品都以某种物质材料结合使用或不使用工具，制造出某件可感知（可视、可听或可触摸）的艺术品，此时的"物性"表现为人的感官与直觉的延伸与交融。另一方面，公共艺术"试图以乌托邦的形态和场所强化观众对于艺术品、环境乃至世界的体验"[1]，强调以文化价值观为出发点的讯息传递，这一特性决定了公共艺术品不能脱离物性，但又不等同于物性。公共艺术品表现的是人类共同的审美情感与文化价值，有属于自己的基本艺术形式，如苏珊·朗格所说"每一种大型的艺术种类都具有自己的基本幻象。"[2]这种幻象源自于人类本质力量的对象化冲动，即主体在创作过程中寻求相应媒介表现自身与世界的创造冲动。它不存在于现实世界，而是存在于艺术家的头脑中。现实世界中艺术家所能找到的只是艺术创造所使用的种种自然材料——陶泥、木材、石材等，而艺术家通过对这些材料的"物化"，即主体的对象化、情思的对象化、意象的造型化、美感的形式化、审美意识的物质媒介化，[3]以此，创造出一种以虚幻的维度构成的"形式"。

公共艺术媒介的内涵指的是熔铸于艺术材料中，艺术家在公共艺术对象化实践中发现、抽象继而产生的关乎公众生活、关乎艺术人生、关乎现实世界的

---

① 刘茵茵.公共艺术及模式：东方与西方[M].上海：上海科学技术出版社.2003：11.

② 苏珊·朗格.滕守尧，朱疆源译.艺术问题[M].北京：中国社会科学出版社，1983：76.

③ 王向峰.艺术媒介：审美信息的物质载体[J].辽宁大学学报.1988（1）：37.

审美信息。在公共艺术作品中，艺术材料所塑造的形象不仅是材料本身所代表的"物象"，更是艺术家头脑中所蕴涵的"情象""意象"。形象逼真的地图是"物象"，但其本身并不包含审美信息，只是对自然世界的科学反映，不是艺术，其物质材料就不能称为艺术媒介。公共艺术媒介一旦问世，就表明它已经是完整而富于生命感的，其灵魂就是"一切景语皆情语"的"情象"和使"万物皆着我之色彩"的"意象"。当我们置身天安门广场，欣赏那雄伟的人民英雄纪念碑时，我们感受的不是大理石的冰冷，那线条、构图、平面里仿佛流动着英雄们的生命与他们对于民族命运的思考与担当，它灌注着逝去的英烈们无限的精神力量。这便是主体的对象化、情思的对象化、意象的造型化、美感的形式化、审美意识的物质媒介化。公共艺术媒介在物质材料的自然形态里流淌着人类情感与思想的血液，它是内涵与材料的矛盾统一，是真、善与美的物质载体。

三、媒介的价值——建构以均衡为特征的美学空间

20世纪60、70年代，美国极简主义艺术家理查德·塞拉、莱维特以及波普等艺术家开始将雕塑搬出陈列室，引向室外公共空间，由此引发了与追求功能至上的现代主义风格截然相反的新艺术模式的探索和尝试。他们积极寻求艺术形式与自然环境、人类文化的连接与重构，他们的观念和实践，与当时流行的规划理念——对开放空间依据其欣赏、休憩、娱乐等功能的不同进行分区——是完全不同的，一个新的艺术概念由此诞生了，即在特定空间或场所设立公共艺术。艺术家对旧模式和局限的突破，开启了当代公共艺术探索的新时代。自此之后，公共艺术以一种跨界的姿态，转化并超越自身，公共艺术媒介也从城市雕塑、壁画等传统样式扩展到装置艺术、城市公共设施以及行为艺术设计等不同的层面，当代公共艺术以前所未有的探索与创新面貌与当下社会文化在公共空间领域取得了思想和价值理念的链接，现代艺术观念的流变与实践所带来的艺术的意义和价值在与现实的链接中冲突、涤荡、融合。正是他们的努力实践使得公共艺术进入了艺术研究和批评的视野，引发了人们对于公共艺术形式与各种价值的思考。这些价值一方面包括公共艺术的文化价值属性——以艺术的方式介入公众的精神生活，进而允许公众容纳和使用不同的艺术活动内容；另一方面包括以公共艺术媒介为介质建构人与整体环境的新型价值关系，诸如公共艺术的生态、公共艺术与公众文化、政府制定与公共艺术相关的各项政策中的权力与权利的关系问题等。正是由于公共艺术本身的价值多元化，作为联系艺术主体与世界、读者、作品的公共艺术媒介呈现出以均衡为价值取向

的特点。

"价值取向是人对客观事物及自己需求和利益的认识水平的反映，也是人的主观意志的体现。"[①]媒介的价值取向的主体是人，是艺术家在创作过程中追求当代主流意识与公共艺术之间的均衡，即同时寻求公共艺术创作理念与社会学意义、艺术高度与公众的审美与接受、艺术水准与环境匹配度等价值。从这个意义上讲，公共艺术介入公共空间，通过对公共空间的分享与公共空间精神的重塑，将公共空间打造为公众共同文化知识体系的一个多层次、多含义、多功能的共生符号系统。公共空间褪去了"无名的物理实体的集合"的外衣，进化为基于公众性与开放性并体现当下主流意识的以均衡为价值取向的"审美系统"。不同于"私有空间"之中的艺术形式，公共艺术将公共空间作为视觉审美的对象，重视公共空间在物态之上的文化价值和社会学意义，即关注不同社会大文化场中各个阶层或团体的公众之间的交流和融合。它的多元和包容是形成社会成员间相互妥协、理解和支持，促进社会和谐的重要因素。公共艺术并非以其形式的特殊来体现审美价值，而是在与环境的融合过程中，凭借文化的支持，构建出一套依托艺术的对话互动机制——作品与公众的联系和互动，艺术家精神创造与欣赏者审美愉悦的对话、艺术与文化的互动等。公共艺术以其多维的视角、多元的取向，容纳公共艺术家的精神创造，探求发掘当下现实生活内涵的可能，借助环境中的公共艺术媒介来反映、表达不同社会成员的主张和利益诉求。因而，价值的均衡就成为公共艺术的价值取向，这既是时代精神的体现，也是其本质属性的写照。

四、小结

公共艺术媒介将艺术形式和审美价值的创造紧密联系，将艺术创作的内在因素和外在表现融会贯通。艺术家内在的思维活动，包括冲动、灵感、想象等都熔铸在艺术媒介中，媒介的物性特征内化为艺术家认识"世界"的方式，因此，公共艺术媒介就成为理解公共艺术最为重要的元素。研究公共艺术媒介，从不同的角度、不同的层面及不同的方法去挖掘、发现公共艺术媒介的意义、审美价值以及在作品中传达的思想，其实质就是在研究公共艺术创作和审美活动中各元素之间互动关系的基础上，加深对公共艺术的了解。它在塑造平等对话、人性共享公共空间的同时，传送、叙述着不同社会阶层的文化理念或价值诉求以及对当下社会问题的关注与批判和对理想境界的期许。

---

① 叶澜. 试论当代中国教育价值取向之偏差[J]. 教育研究，1989（8）.

第五节 从格式塔心理学看由公共艺术催生的心理效应

20世纪初，科学界产生了许多新发现，其中物理学中的"场论"便是其中影响最大的思想成果之一。"场"是一种全新的结构，而不是把它看作分子间引力和斥力的简单相加。格式塔心理学家们接受了这一思想，并希望用它来对心理现象和机制做出全新的解释。因此他们在自己的理论中提出了一系列新名词，如考夫卡提出了"行为场""环境场""物理场""心理场""心理物理场"等多个概念。德国著名哲学家鲁道夫·阿恩海姆在现代心理学的实验基础之上深入挖掘了心理学与艺术学以及社会学的关系，认为知觉是艺术思维的基础。并由此提出了"张力"说，认为力的结构是艺术表现的基础，而"同形"是艺术的本质。上海大学周成璐教授在《公共艺术的逻辑及其社会场域》一书中指出，城市公共艺术应把握当代社会的生存状态，借助布迪厄有关"场域""资本""自主性"，和贝克尔"艺术世界""艺术惯例"的概念，揭示城市社会空间生态及其公共艺术与城市社会政治、经济、文化的内在关联。从整体、历史与个体多方位、多角度来理解公共艺术的运行规律，揭示公共艺术世界内在组成部分及其相互之间的联系，对社会的影响，并涉及权力关系、与市民社会的密切关联及其发展的动力系统，这是对公共艺术"场域论"思想的有力表述。从格式塔心理学研究来看，公共艺术对人的影响首先在于激发心理"场域"感。

一、"倾斜之弧"：一场公共空间中的艺术冲突

著名的公共艺术项目《倾斜之弧》（Titled Arc）便是其中的先例。1981年，理查德·塞拉受美国Art-in-Architecture项目的委托，在纽约联邦大厦（Federal Plaza）创作了一件大型公共雕塑。这座雕塑长120英尺（约37米），高12英尺（约3.7米），是一座由生铁铸造而成的弧形墙面，故名为"倾斜之弧"。这道巨型墙面横穿广场，将原本开阔的公共空间拦腰截断。如此气势撼人的大手笔反映出理查德·塞拉前卫大胆的艺术风格。然而，这座雕塑落成不久，便遭到附近工作人员的抱怨，称其严重阻碍了行人的视线与日常轨迹（因其高度远远超过正常人身高）。附近1300多名政府工作人员联名请愿，要求移除这座"恼人的"公共雕塑。而艺术家则坚称："这是一座特定场域的作品，因此无法再放到别处。移动这件作品，无异于毁掉了它。"即便如此，经过多方裁决，《倾斜之弧》还是于1989年被正式移除，消失在公众的视线之中。

在"倾斜之弧"事件中，尽管创作者赢得了不少艺术家和艺术史家的支持，

其作品还是被普通民众嘲讽为"连疯子都会觉得疯了的艺术。"一位《纽约客》的艺评人也毫不客气地指出："人们完全有理由质疑，公共空间与公共资金是否就是让这件极少数人接受的艺术作品放在这里的正当理由——不管它如何创新了雕塑的概念。"换言之，基于对先锋艺术特属性的认知，人们即便可以不用欣赏传统艺术的目光来欣赏这座雕塑，也无法容忍前卫艺术与日常生活在真正意义上融为一体。如果说博物馆、美术馆是消化先锋派艺术的专属领地，那么公共空间始终只能做到有选择地接受前卫艺术。理查德·塞拉的作品挑战了公众对公共艺术的接受底线，同时也向我们提出了这个问题——前卫艺术与公共空间冲突的本质究竟是什么？

20世纪60年代以后兴起的极简主义雕塑，严格意义上说是一场对抽象表现主义绘画的反叛。"二战"后的美国，抽象表现主义大行其道，以格林伯格为代表的理论家极力推崇绘画的媒介性与平面性，从而实现艺术作品的纯粹性。而极简主义则试图通过将格林伯格的理论推向极端，来反抗日趋僵化的艺术创作模式。大批艺术家开始以日常物品为材料（包括工业材废料、软材料、光电材料等），以最单纯的形式还原艺术品的"物体"属性。更重要的是，极简主义艺术颠覆了传统的观看形式，重新定义了艺术作品、空间与观众的关系。作品由二维的绘画平面转向三维空间，观众也不再从一个预设好的角度来观看作品，而是真正地身临其境，全方位地"感知"（perceiving）作品。

极简主义代表艺术家罗伯特·莫里斯（Robert Morris）提出"扩展的场景"这一空间观，强调出在场（Present）、身体性（Body）、时间性（Time）这三条新概念对雕塑的重要性。正如理查德·塞拉所期待的那样，观众通过身体的在场来感受艺术，而这种感受不仅仅是视觉的，更包括触觉或者其他感受模式。通过"一步一步"的运动，时间的维度也被建构起来，成为了特定场域中不可或缺的一个环节。因此，极简主义雕塑不仅是艺术形式内部的革命，它所定义的新感知方式更隶属于前卫文化的变革。文化不可避免地与社会相关联，公众对《倾斜之弧》的拒斥，实则是对其背后前卫文化的拒斥。

当然我们也能注意到，这种新的艺术感知模式，在大自然或是某个休闲娱乐场所当中，并非不可能实现（如60年代便开始出现的大地艺术）。这当中就涉及公共领域的属性。《倾斜之弧》所处的环境不是大自然，也不是某处特意开辟的人文景观与休闲场所，而是位于不折不扣的资本主义社会实用空间。在这样一个空间中，商业文化或消费文化占据绝对的主流，而这件雕塑携带着强烈的前卫文化基因，正如同从另一个世界脱逃出来一般，不可避免地被视为了某种异端。

二、反叛与和解：格式塔心理学的艺术学阐述

如果说现代主义对于形式的革命是在艺术的内部进行自我批评，那么前卫艺术则是对固有社会文化的反叛。这样看来，公众无法接受塞拉这件用心良苦的作品，并非出于偶然。若公众反过来接受了，则反证作品失掉了原本的前卫性。塞拉的这一举动既在挑战公众，又在证明自己。《倾斜之弧》作为一件"特定场域"（site-specific）的公共雕塑，不幸落入了前卫文化之于大众文化的悖论之中。而即便如此，我们是否仍可期待前卫艺术与公共领域握手言和的时刻呢？或许，一切可能性都孕育在冲突与矛盾之中。格式塔心理学认为心理学研究的对象有两个，一个是直接经验，一个是行为。

格式塔心理学家认为心理学应该研究意识，但为了和构造主义心理学有所区别，于是就用"直接经验"来表述。所谓直接经验，就是主体当时感受到或体验到的一切，即主体在对现象的认识过程中所把握到的经验。这种经验是一个有意义的整体，它和外界的直接客观刺激并不完全一致。格式塔心理学认为，直接经验是一切科学研究的基本材料。

格式塔心理学的另一个研究对象是行为。格式塔心理学把行为分为显明行为和细微行为，前者指个体在自身行为环境中的活动，后者指有机体内部的活动。格式塔心理学研究的是显明行为。

2013年中东地区的一次重大艺术展中，出现了一个奇特的公共艺术作品——大盒子，这个盒子没有顶，观众步入其中，抬头望天，天就是一幅画。其实，人们平时抬头都能望到天，但如此的角度、如此的方位和心情，却独一无二。艺术家帮助观众欣赏自然，换个视角看待与思考自己与自然的关系。这就是公共艺术的特质。

对公共艺术作品的美丑观点各异，有的人觉得丑，有的人觉得萌，都正常。比如自从荷兰艺术家霍夫曼的大黄鸭来中国一游，各地的"山寨鸭"纷纷浮出水面，鸭火了，其他动物不服气，更有甚者，蟾也跳出来了，如北京玉渊潭公园湖面上出现了一只22米高的充气大金蟾，引来游客的瞩目和网络上的纷纷议论。能引起争议，或许就算是这件公共艺术作品真正发挥了作用，可以让大家带着各自的审美眼光去看一件艺术作品，探讨公共艺术创意、制作、传播的可能边界。这种放大的手法虽然在设计界、艺术界早有案例，但的确，是霍夫曼的大版大黄鸭进入中国引起围观，才让国内创意人士、出资机构对此类作品的效果有了全新认识，引起一股模仿乃至抄袭的风潮。在当今环境下如何"出品"优秀的、公众所喜闻乐见的公共艺术？这是一个值得探讨的话题。

格式塔心理学的产生除了受特定的社会历史条件影响外，还有哲学背景。康德认为客观世界可以分为"现象"和"物自体"两个世界，人类只能认识现象而不能认识物自体，而对现象的认识则必须借助于人的先验范畴。格式塔心理学接受了这种先验论思想的观点，只不过它把先验范畴改造成了"经验的原始组织"，这种经验的原始组织决定着我们怎样知觉外部世界。康德认为，人的经验是一种整体现象，不能分析为简单的元素，心理对材料的知觉是赋予材料一定形式的基础并以组织的方式来进行。康德的这一思想成为格式塔心理学的核心思想源泉以及理论构建和发展的主要依据。

格式塔心理学的另一个哲学思想基础是胡塞尔的现象学。胡塞尔认为，现象学的方法就是观察者必须摆脱一切预先的假设，对观察到的内容作如实的描述，从而使观察对象的本质得以展现。现象学的这一认识过程必须借助于人的直觉，所以现象学坚持只有人的直觉才能掌握对象的本质，并提出了具体的操作步骤。[①]这对格式塔心理学的研究方法提供了具体指导。

格式塔心理学的产生还有其特定的心理学理论基础，其中主要有马赫的理论和形质学派理论。马赫认为感觉是一切客观存在的基础，也是所有科学研究的基础，而这些感觉与其元素无关；物体的形式可以独立于物体的属性，可以单独被个体所感知和接受。马赫的这些理论，尤其是反元素主义的观点，直接被格式塔心理学家们所吸收和利用。克里斯蒂安·冯·厄棱费尔进一步深化和扩展了马赫的理论，倡导研究事物的形质。形质学派的整体观是一种朴素的整体观，这种理论也对格式塔心理学产生了重要影响。

第六节　关注"行为"：数字时代公共艺术品创作新特征

当今，公共艺术品已成为城市艺术化进程中一道靓丽风景，除了视觉上的欣赏，年轻群体更喜欢亲身体验各种公共艺术品，与之发生互动，具体来说就是通过触摸、声音甚至感觉实现自身的某种需求。随着数字技术的应用和推广，数字化公共艺术形式如动力与光艺术、声音艺术、影像艺术、激光艺术等逐渐成为公共艺术创作中的重要形式，区别于传统的观赏性艺术形式，真正意义上实现了艺术与人的交互活动，实现了公共艺术的时间和时空传输。这种全新的公共艺术形式立足于满足人的视觉、行为、心理需求，是艺术化的多功能复合体。如果能在城市中加以利用，就能展示当代城市最为出彩的文化，传达

[①] 考夫卡. 格式塔心理学原理[M]. 北京：北京大学出版社，2010：21.

出城市公共艺术的新力量。①

一、"行为"：公共艺术品创作取向新视角

新的形势下，公共艺术品"人"的参与度越来越高，公共艺术趋于互动已成为不争的事实，重视人的体验（User Experience）设计正成为公共艺术创作的一个新课题。在传播知识的大学校园中，公共艺术品与师生之间实现"行为"互动为知识的传播与创新提供了新的途径。

具有交互功能的公共艺术品创作的过程是艺术、数码技术、文化、空间环境巧妙结合的过程，这一过程必须由艺术家和数字技术人员、公众合作完成。在这个过程中，公众的体验即"行为"概念被植入艺术品，并被无限放大，公众与艺术品之间发生的"行为"设计成为艺术创作中的重点。这种新的创作理念使得公众被强行拉入到艺术品中，不自觉地成为公共艺术的一个部分。

城市中的交互公共艺术品积聚了三个方面的要素：形式、行为和隐性知识。艺术家收集城市信息，设计表现形式，目的是为了达到艺术品"行为"方式的实现进而实现隐性知识的传递。交互设计注重行为的设计，也关注行为如何让形式和知识产生联系。这三个方面的关系如图2－5所示。

图2－5　公共艺术品三要素示意图

传统的公共艺术品创作注重表现信息与形式之间的关系。艺术家收集城市文化信息即内容，然后以艺术品的形式表现出来。它的创作过程如图2-6所示。

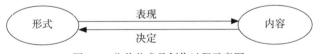

图2-6　公共艺术品创作过程示意图

交互式公共艺术品的形式部分，包含了艺术品的造型、色彩、规模、质感等因素的设计与创作。除了形式，创作中涉及对公众的生活、文化、信息的调查了解，这些资料是公共艺术品中所包含"隐性知识"的源泉。形式和内容都为"行为"服务，这个服务的具体目标指的是由公众参与完成的过程效果或最终情景。数字技术人员根据艺术家的创作思路，对艺术品植入相对应的数字技

---

① 王峰，过伟敏. 数字化城市公共艺术媒材与空间探寻[J]，《装饰》，2010（11）.

术，达到交互目的。从这个意义上来看，公共艺术品的创作已由传统的完成一件静态提供审美感知的实体形式转变为设计动态的体验过程，这要求艺术家和数字技术人员在进行创作时思考公众参与与心理获得。

二、交互式公共艺术品"行为"的分类

从行为学发生的主客体看，行为可分为被动的行为和主动的行为。这一定义为创作交互式公共艺术品提供了分类的可能。主动的行为指的是与公众互动的艺术品，本身具有某些机制可以吸引作为客体的人主动与它进行多样化的互动活动，它会主动引导人进入活动中，直到整个"行为"完成。具有主动行为的交互艺术品可以利用声音、光电等科技手段实现对人的引导。如在商场或者展览馆等场所，当人欲进入设计为艺术品的门禁系统时，门通过感应装置主动打开，并显示房内布局示意图，同时通过声音引导人的进入及进入后的行走路线。还有一些主动行为是艺术品运用其造型或声光效果来吸引人去使用它进行娱乐，产生互动的关系。如某些激光艺术品，人参与其中，会被光线牵引，自觉与之互动。

具有被动行为的交互式艺术品，需要人进行控制才能实现艺术品的互动功能。被动行为是作为客体的人控制作为主体的艺术品进行行为活动的方式，这一行为的发生注重人的主观愿望，以人的需求为目的。法国巴黎的LED公交站，车站内外的乘客可以通过里面的小屏幕和外面6英尺高的屏幕互动。如图2-7所示。

无论公共艺术品的行为是主动还是被动，都是以公众的体验为目的，实现公众的行为参与。这需要艺术家关注生活中的细节，大胆地想象，不断探索未知的各种体验方式。

（a）　　　　　　　　　　　（b）

图2-7　LED车站

三、具有良好交互性的"行为"设计

交互"行为"的设计不能生硬地牵引公众与艺术品发生互动，艺术家和数字技术人员应从声音、视觉、触觉、感应等方面全面考虑公众的接受舒适度，考虑自然互动、和谐互动、友好互动，这要求公共艺术作品的创作过程除了有传统媒介的造型、色彩、材质的亲和力表现，还需有比较高的科技参与。如今，现代数码媒介正全面参与到公共艺术的创作中来。显像媒介如LED显示屏、投影、可触屏等，光电媒介如脉冲光速、LED灯光、卤素灯、激光等，感应媒介如触摸材质、感应器等都成为现代公共艺术品的新宠。

斯坦福的两位社会学家Clifford Nass和Byron Reeves发现，人类好像有一种本能，告诉他们如何与周围有意识的物体交往，一旦任何生物体表现出足够的交互性，这种本能就会激活。我们可以将有交互性行为的公共艺术品视为一个生物体，这样将更加激发公共艺术品的创作者对"行为"的重视。

对于期望作为生物体的公共艺术品而言，好的"行为"方式首先是表现自然。芝加哥千禧公园的皇冠喷泉，设计师乔玛·帕兰萨利用喷泉从人嘴里喷出这一独特的构思，使作品生动而有趣。落成后的喷泉鼓励公众在反射池的水中嬉戏玩耍，这种互动性既可能是偶发的，也可能是主动的，但却是令人欢愉的，因而受到了各阶层公众，尤其是孩子们的广泛欢迎。而且，在炎热的夏季，皇冠喷泉甚至已成为芝加哥主要的休闲避暑场所，使其"公共性"特质更加凸显。[①]其次是体现友好亲切。由伦敦维多利亚阿伯特博物馆（V&A）和Playstation呈现的Volume交互公共艺术作品，是由UVA（United Visual Artists）和One point six 共同完成。如图2-8所示，Volume是个视听传感的装置作品，由一系列的光柱组成，可根据人的行动而发出一系列视觉和声音感应。当你的形体动作与Volume交互时，你将体会到非凡的感受，而且每个人"创作"的公共艺术都不一样。现在，这个公共艺术作品已经被放置在伦敦维多利亚阿伯特博物馆内的约翰·马德伊斯基（John Madejski）花园里。

坐落于武汉东湖的互动雕塑小品《SBL.欢歌》，如图2-9所示，与Volume这件艺术品有异曲同工之妙。运用光电效应的原理，采用了大量的光电传感器，观众用手或者身体轻轻触碰激光琴弦，激光琴便会发出美妙的乐声。五彩的琴弦在夜幕中显得更加奇幻，任何人都可以在这里演奏音乐，感受它的神奇。

---

① 张犇. 互动性公共空间设计的典范——芝加哥千禧公园皇冠喷泉（Crown Fountain）的设计特色谈，南京艺术学院学报美术与设计版，2011. 04.

　　再次是具备游戏性。游戏就是娱乐，事实证明：具有娱乐性质的物体更容易吸引人参与互动。近年来，雕塑艺术的重点由雕塑体本身的形式（form）转变成雕塑品所营造的情境 (environment) 与观众互动的关系。传统雕塑的议题总是围绕着形式与风格打转，着重在雕塑本体材质与造型上的差异性。现代公共艺术家尝试的却是将以物体为中心转变成以观众经验为导向的创作方向。由于数码表达的介入，整个雕塑都变成了巨大的游戏场景，所有身处其中的人都能成为游戏中的一部分，与作品进行密切的互动。

　　X Blocks是雕塑艺术家的创新之作。如图2-10所示该作品改变了传统雕塑的观赏性能，艺术家和数字技术人员为它定制了各种"行为"，将其变为一种可以

图2-8　交互公共艺术作品

图2-9　互动雕塑小品

图2-10　X Blocks

参与互动的游戏载体。这时的雕塑——迷宫，成为游戏的场景，而人也就相当于游戏里的角色，在这种实体三维空间中，做出相应的动作才能完成游戏。公众可以使用游戏控制器在这个三维的迷宫里面导航。这种互动的特殊性，让游戏的参与者能更真实地体验游戏的内容与趣味，同时也更健康地参与其中。[1]与传统雕塑纯观赏性不同的是，X Blocks由实物形态变为了游戏形态。

除此之外，"行为"设计还应考虑体验的真实性（公众在过程体验中将虚拟的游戏场景变成可碰触的真实环境场景）、健康性（可以让玩家在娱乐的同时锻炼身体）、灵活性（公共艺术品能随时随处满足公众变化着的各种需求）等感受。[2]

杜尚曾在《有创造力的艺术》一文中提到：创作的行为并不是由艺术家个人独自表现，必须加上观众的参与及诠释，使作品与外在世界产生关联并造就其意义。正如2009年伦敦设计周期间，许多市民在特拉法加广场所看到的巨大的机械章鱼那样，全球公众通过数字手段都可以与其发生互动，按自己的方式控制它的行为和动作。我们期待在不久的将来，城市的每个角落都充满极富创造力和想象力的交互公共艺术品，为市民带来视觉上、精神上和身体上的美妙感受，为开启智慧的大门提供更多的选择。

第七节　商业文化影响下的公共艺术

受消费主义文化和物质主义文化的影响，许多城市商业空间中的许多角落都充满了大众消费和娱乐形成的各种文化现象。这些文化现象的基本特点是反映和记录大众物质和消费的情感和欲望，满足大众在商业环境中感官化、时尚化的娱乐需求或自我陶醉的心理。商业空间中的消费主义文化和物质主义文化是当代大众文化（mass culture）的重要组成部分，"大众文化"是指历史延伸下来的，由普通大众的行为、认知方式及审美诉求等所呈现的文化形态和后工业社会背景下形成的大众消费娱乐方式与态度及其所呈现的文化特性。[3]当下的大众文化推崇流行文化，弱化精英文化，具有平面、肤浅、一律化的精神内涵，是一种普通大众随处可见，随意参与，易于流行又能快速淘汰的文化现象。在

---

① 郭选昌，邓义勤. 从公共艺术谈互动雕塑的发展[J]，艺术探索，2008.（2）.

② 刘颖. 从互动艺术看游戏产业新视界[J]，新一代，2009.（9）.

③ 翁剑青，公共艺术属于"大众文化"吗？——兼谈公共艺术与多元文化状态的关系[J]. 雕塑，2010. 8.

这种文化的影响下，商业空间环境中的公共艺术较传统公共艺术从形式到内涵有较大的差异，从经典美学、精神至上到浅层体验，它以一种传播、体验、娱乐的姿态参与到大众的生活里来，通过视觉刺激和生理刺激来推动大众文化向纵深发展。商业街头的体验式数字艺术产品，酒吧、咖啡厅的人形艺术坐便器，商场环境中具有引导和暗示功能的商业动画艺术品等都是具有代表性的公共艺术品，它们或者怪异、荒诞，或者喜乐、幽默，或者神秘、刺激，以各种不同的形式和风格在不同的文化语境和空间环境中展现当代城市商业文化的文化价值和社会意义。

一、消费文化与公共艺术

站在商业空间的特定视域下审视，深受消费文化影响的当代公共艺术似乎失去了经典的人文精神和理想的文化标准，且存在失去创造性和个性的可能。它们随处可见，却又时常变化，没有固定模式，通过视觉的冲击和体验的快感来带给现代城市居民以片刻的震撼，却无法对其设定评判标准。因此，为当代公共艺术的许多创作者带来了复杂而矛盾的心绪。一方面，作为艺术家的独立人格决定了创作的艺术作品本应具有个人思想性、创造性和内在的精神性向高雅靠拢。另一方面，在大众文化的圈圈里，他们又不得不放弃个性，在反复复制中创作平面化、媚俗化的公共艺术品来博得受特定普世文化浸染的群体喜爱。表面上看，商业空间公共艺术似乎已很难再产生独立性和话语权，而随波逐流融入消费文化的汪洋大海之中。

消费文化影响下，商业空间中的公共艺术未来应该具有什么样的功能与特征？应体现出什么样的文化精神？其文化价值和理论视域是否应做出全面调整？这些问题一度成为各公共艺术家探讨最多的话题。现实的情况是，有很多研究者都认为应该从对大众商业文化下公共艺术的"全面批判"和"全面否定"中走出来，建立新的积极正面的理论评价体系。一些艺术家在创作中巧妙利用大众文化的精髓，运用遵循为社会多数人的生活和审美文化服务之原则的现代设计艺术方式，把个人的生活体验和精神理想通过公共文化平台与社会公众对话和分享。如将"茶"包装盒做成书样式的立体造型艺术品，这种设计更容易被大众广泛接受。此外，还有一些艺术家在商业空间中创造与公众产生交互性的科技型公共艺术品，让公众成为公共艺术的一部分，这种创作形式也开始受到公众的喜爱。无论艺术形式如何创新，大众文化影响下商业空间中的公共艺术创作已将现代人的日常需求、消费文化需求、欲望需求作为创作的主要方向并在创作过程中开始回归"人"的内在精神需要。

二、商业化的公共艺术

可以预见，未来城市商业空间中的公共艺术品可能是一种具有主体精神性、公共性、审美日常性、公众参与性、大众文化生产性特征，并积聚大众消费功能、大众体验功能、大众文化展示功能、物质满足功能的艺术形式，它们将会呈现出以下五个显著表征。

1. 强调商业主义和物质主义的核心地位

消费主义和物质主义在当代大众文化中核心地位的确立，导致了传达物质观念和消费观念成为城市公共艺术创作的重要方向。物质主义、消费主义的核心价值观是崇尚商业文明，倡导市场文化。在城市繁华的商务中心区、商业街道、广场、商场等开放性空间场所中所存在的各类展现不同商业文化的公共艺术装置作品，除了满足特定商业环境的形式美感及个性化空间营造的需求，对于特定消费场所商业理念及商业行为方式还呈现出某种隐喻或提示。许多情况下，商业空间中的公共艺术还促使公众认同某种消费文化、物质文化。

2. 关注大众的体验

大众文化时代，信息、环境、生活、工作、就像是一张张编制好的网，将人束缚其中，精神的空虚与匮乏，身体的劳累与负重，需要生活空间中的艺术形式提供消融的可能。从这个角度出发，公共艺术品将以一种轻松的姿态进入公众日常生活领域，让城市中各个文化阶层人群都能从其中得到一种浅层次的快感体验。所谓快感体验是指不追求深层次的精神塑造和灵魂净化，而是关注身体的快活反应行为。上海杨浦某商业广场上的"微波"声响艺术装置，可以让城市那些有心理症结的人在前面尽情叫喊发泄，让声音的高低起伏在显示屏上得以显现，成为城市人工作之余排解压抑、焦虑、烦躁、不安等情绪的场所。美国著名艺术家BORED在芝加哥商业街头创作了一系列小型立体公共艺术品，他希望可以呈现一种让公众随意捡起、玩乐、打碎、破坏的状态，以消除现代人的紧张情绪。

3. 重视艺术与科技的结合

在当前科学与艺术相交融的文化思潮下，科学技术为各种艺术思想表现提供极大可能性，艺术家可以自由发挥各种超现实的想象力，可以通过运用科技元素达到此类目的。公共环境中的影像、声音、装置、舞蹈、音乐等艺术门类相互嫁接，给人们带来不一样的视听体验和对公共艺术新的思考，艺术与科技的完美结合成为未来公共艺术品发展的重要趋势之一。

科技介入艺术作品最大的贡献在于真正意义上实现了大众与艺术的自然交

互，大众可以直接亲身体验，让更多的人能够走近科学、享受艺术，在不经意间使自己成为作品中的一部分，并改变人们对现实时间、现实空间与虚拟时间、虚拟空间等互动关系的认知经验，这就是科技介入公共艺术所表现的深沉意义。[①]

4. 传达正面、积极的成果

大众文化时代，商业化背景下的公共艺术因其消费方式和结构的缺乏，所提供的思考的可能性较小。城市商业街道中那些纷繁夺目的招牌艺术、电子艺术等各种公共艺术形式，往往根据商业利益、商业需求快速制造又快速消失，不断复制，重复涌现，除了在视觉、感觉、触觉上带给人短暂冲击，无法传达经典的观念与思想。在这种情境下，保留审美日常化和大众化的正面成果，是当下公共艺术的重要使命。公共艺术创造在强力表现这种整体文化观时，应以一种正确的姿态，及时纠正其中的弊病，把握好健康、积极向上的原则，将积极正面的精神内涵注入流行大众文化中，在保留其外在形式美和趣味多元化的同时，努力提高艺术品位和思想内涵。

5. 突出思想性与消费主义并存的理念

脱离了创作者思想性和精神性的艺术品终究没有永恒的价值，而在大众文化深刻影响公众的今天，艺术创作没有了商业、物质的表达，也无法引起共鸣和认可。如果仔细分析，我们会发现，很多当代公共艺术品，在世俗和肤浅的外衣下，有不少作品还是传达着一定的内在精神性，这种特点来源于创作者崇高的个体意识。越来越多的公共艺术家在以商业为主题的作品中融入了自己的思想灵魂、艺术个性和想象力以求在作品中实现对自我价值的肯定。

三、小结

尽管霍克海默和阿多诺等人把作为文化工业的大众文化贬得一钱不值，而且大众文化影响下城市商业空间中的公共艺术仍会在一段时间内呈现出一时弥散和无序状态，但我们依然应对它的未来抱有希望。[②] 这是因为，互联网、人工智能、虚拟现实等新技术的出现虽然将商业社会分割得越来越碎片化、单元化甚至点状化，但是以儒家文化为代表的文化思想并没有随之消亡，只是在突如其来的新文化大潮中暂时滞后。一旦这种文化思想在与大众文化理性冲突中找

① 蔡顺兴，数字公共艺术的"场"性研究[D]. 上海大学，2011. 3.
② 傅守祥，泛审美时代的快感体验—从经典艺术到大众文化的审美趣味转向[J]. 现代传播，2004. 6.

到了新的定位，则会带动公共艺术重回"精英至上"的传统主流语境，并极有可能成为未来商业文化的新宠。

我们应该相信，只要创作者吸取社会文化中的正面成果，取其精华，弃其糟粕，赋予艺术作品丰富的内涵，未来城市公共艺术必将进入良性发展的轨道。

第八节　隐性知识传播与高校公共艺术的系统建设

"高校校园公共艺术系统建设"的理念，对于近年来发展较快的高校校园环境艺术设计来说是一个全新的观点。它针对高校校园公共艺术系统设计这一独特视角，在注重系统中各要素之间内在联系以及相互作用的基础上，对校园公共艺术建设进行科学把握和整体优化设计。

校园公共艺术系统建设主要包含两个方面的内容：其一是将校园中的公共艺术如雕塑艺术、公共设施艺术、建筑艺术、园林景观艺术及其他艺术形式有机结合起来，形成联系。创造出一种使观者置身其中的观赏、思考、学习或者体验的空间环境；其二，以多元文化和使用功能相结合，以现代技术的展现力，整合人们的思维和精神活动，将各种设计元素系统的组织，构建和谐的校园精神家园。

高校校园中公共艺术的系统建设作为一种新的设计创作思想和理论雏形，有别于传统的环境艺术设计。在这个系统中更多的是对公共艺术建设的规则和隐性知识传播方式的思考。这个全新的创作理念和设计方法，对公共艺术的创作者有着积极的作用，对高等学校的持续发展有现实和长远的意义。

一、公共艺术系统要素分析

"公共艺术系统设计"是环境、公共艺术品和设计三个不同概念的集合，这里"系统"可以理解为校园中师生所能接触到的空间元素。系统要素主要包括校园空间中存在的文化要素以及媒介要素等。

1. 文化要素分析

高校校园中的文化要素主要包含地域文化、校园文化和大众文化。

任何校园都处于一种特定的地域文化氛围中，地域文化给予校园公共艺术丰富文化养分的同时，也影响着校园的整体气质风格，校园中的建筑、壁画、雕塑等无不受这种风格的浸染和规整。例如浙江两淮一带大学中的小桥流水、亭台楼阁，无处不透显出清新淡雅的江南水乡气息；北京大学将皇家园林的设计引入校园整体规划中，既彰显其悠久的办学历史，更将古建筑中厚重的历史气息引入校园。

同时，作为一种与学校相生相伴的客观存在，校园文化决定和影响着校园环境的建设，另一方面，校园环境又反映和传承着校园文化。校园中的公共艺术是校园环境的重要组成部分，因此，公共艺术建设是校园文化建设的重要内容。校园的公共艺术建设是具象而有形的，旨在将校园中一切文化现象的内涵与意象通过设计的手段，在确保效果、气氛和功能的前提下，化为现实的视觉效果，将校园中特定的文化气息融入公共艺术制品中成为一种现实的选择。例如将承载着校园文化特色的校训设计成景观小品，将学校历史上的文化名人形象设计成漫画形式，以通俗易懂或能引导思考与想象的公共艺术形式来再现学科知识内容，都是校园公共艺术中文化要素的重要体现。

大众文化是当代社会多元文化的重要体现。随着社会的发展，当代社会文化正由个人主义向大众主义转变，大众文化逐渐成为商业社会中的主流文化形式。当代校园文化离不开大众文化的潜在影响，大众文化中潜在的物质主义、商业主义文化对当代大学生的成长也有着重要影响。

2. 媒介要素分析

客观上，校园空间中的元素由一系列媒介要素组成。这些媒介要素在传播过程中传递着各自不同的信息，这些信息相互组合就成为高校校园公共艺术系统的信息。在媒介要素中，有一类媒介要素例如视线、声音、气味、质感等常常作为一种显性的信息感染人的情感，影响人的行为。另外，固化的空间构成以及空间所处的自然的、社会的情境都向系统中的人传达着信息，它们对人的影响是直接而明显的。同样，某些公共艺术体验引起人的感受、领悟、想象，并对人的行为产生了潜移默化的引导。产生这种效果的原因在于公共艺术品自身的形态与品质就能够释放和传递一定的信息，并引起人的某种思绪。例如开敞而无阻挡的草地能引发人们驻足休息的欲念，拥堵的空间往往给人想要逃离的感觉。由公共艺术制品所引发的情感和行为正是由这些媒介某些特性中蕴含的隐性信息要素导致的。校园公共艺术能否与信息受众达成有效的沟通，即能否实现受众对公共艺术制品这一媒介所传递的信息无障碍解读，并引发受众行为的正向转变是其作为媒介的本质表达。要实现这一转变，需要在理解现代艺术创作初衷的基础上，从材料、构造与加工方法、形态与思维等出发，在秉承校园文化脉络的同时，运用现代科技的成果创作校园公共艺术作品。

二、系统建设规则

在师生能接触到的校园空间中，不同性质的空间必须充分利用空间系统要素设计符合该空间特点的公共艺术形式。如在生态园林区域、教学区域、行政办公区域、宿舍、饮食休闲空间中应有符合该区域空间性质的公共艺术表达。

让校园中的公共艺术适当地发挥其艺术教育的本质，引发不同途径的思考。公共艺术鼓励思考环境是如何形成更广泛的环境问题，艺术应该被用来刺激对环境的思考。正因如此，学校教学区域的公共艺术建设应注重学科知识的隐性表达。大学课堂中所学知识的最大特点就是能激发学生的思考欲和创造欲，引导学生探索未知的科学空间，而这些学科知识还可以通过公共艺术的形式加深学生的印象，帮助他们进一步理解课堂知识的内容，从而更好地激发学生的学习与探索欲望。如在计算机学院的教学区域设计和建设具有交互性能的公共艺术品；在数学学院教学区域建设具有游戏、计算、统计等性能的公共艺术品，如近似于魔方、飞行棋的游戏形式或实体；在教育心理学院附近设计类似"迷宫"的具有游戏功能的公共艺术形式；而在文学院的教学区域应有大量表达传统文化的艺术品设立，如历史文化名人的碑文，古典诗词篆刻等。

在行政办公区域的公共艺术品要展示学校的行为文化，包括学校历史、学校师生行为准则、优良传统等。另外，学校历届优秀校友的事迹也可以通过公共艺术形式在这一区域展现出来与全校师生共勉。在设计上，行政办公区域的公共艺术形式应该庄重、肃穆，能产生出一种严肃、庄严的场地氛围。

学生宿舍、饮食休闲区域的公共艺术是普及多元文化的重要渠道，是大学生贴近现实社会、了解社会的最佳载体。在这里，多元文化中的各种元素得到好的展现，大众文化、媚俗文化、时尚文化等文化现象可以通过公共艺术的形式得到整体释放，对大学生的学习生活进行有效调节。

三、隐性知识在高校校园环境公共艺术系统中的表达与传递

隐性知识是与显性知识相对的一个概念，指的是个体知识结构中以经验、印象、感悟等形式存在的，难以用文字、语言、图像等形式表达清楚的隐藏于"冰山水面"以下的大部分。它们虽然比显性知识难于察觉，却是人类知识中最为宝贵和最能创造价值的部分。校园公共艺术作品中所折射出的隐性知识要比公共艺术作品表面形式所传递的信息更为丰富，这种隐性知识激发学生的思考与创造欲望，实现信息向智能的转换，是当代大学生学习生活中不可或缺的

信息载体。比如，能实现交互性能的数码公共艺术品，学生通过视觉与身体体验，从体验中得到声电技术、光影技术、交互技术等多重技术传达的信息，这些信息不断冲击着学生的大脑，激发无穷无尽的思考潜能。同时，创造才能在思考与探索的过程中得到长足发展。

显然，隐性知识在高校校园公共艺术系统中处于中心地位，是能体现出其"灵魂"的一环，抓住了这一环就抓住了高校校园公共艺术系统建设的关键。

隐性知识的表达首先在于公共艺术创作者主动过滤、选择和组织脑海中的无序信息阵列，并编排成有序的可用的信息，在艺术创作过程中恰当地加以展现，通过设计的方法隐喻、转喻使艺术品中蕴含的隐性知识生动并适合阅读。目的在于在公共艺术制品的创作阶段，创作者有意识、有目的地指导受众正确感受和理解艺术品所表达的知识内容。

同时，隐性知识的传递过程涉及隐性知识向显性知识的转化问题。具体来说，通过发现、挖掘、引出和沉淀来推动知识从动态隐性转移到动态显性，通过试用、修正、判断和固化来推动知识从动态显性转移到静态显性。[①]蕴含于校园公共艺术系统中的隐性知识，通过受众的感知系统（主要为视听觉系统），首先感知的是艺术品的具象（色彩、形状、光影等）信息，在具象思维的引导下，逐步发现、探知和求索隐含于其中的动态不确定元素，并将其中的不确定性去除沉淀，形成认知映射。这部分理解是一个隐性知识显性化的过程，要想理解和把握艺术品的实质，还需要经过抽象思维的进一步加工和修饰，甚至反复对艺术品进行阅读和认知，重复上述的过程，才能有效正确地将校园公共艺术系统中所暗含的知识纳入个体自身知识结构，实现由创作者向受众个体的知识传递。从隐性知识传递的角度上说，个体所掌握的隐性知识是群体知识创造的基础，个体只有分享彼此的情绪、感情和心智模式，才能将没有符号系统的、无法逻辑表达的隐性知识，通过接受者的感受、领悟、体验等途径，使得知识传递进入客观表达阶段，进而在群体中实现表达、收集和交流。

---

① 刘宏君，邓羊格. 如何让隐性知识"显性"？[J]. 中外管理，2004（1）：28-29.

第三章　案例研究

从湖南湘潭东方红广场伟岸挺拔的毛主席身像到山东青岛五四广场时尚魅力的五月之风雕塑，从北京天安门广场让人热血沸腾的人民英雄纪念碑到新疆吐鲁番风景区著名的铁扇公主雕像，每个地方的雕塑都代表了不同的文化和风俗，都不同程度地影响公众的生活与素养。以城市公共艺术为代表的文化母体，通过不同媒介、不同材质以及不同观念的植入，对公众的影响更加广泛、具体、深远。

尽管公共艺术建设在我国已有多年的发展历史，但大多数公众对于公共艺术知识的结构认知仍非常有局限。除了对城市公共艺术的直观感受，往往不会主动思考这些艺术品存在的意义与价值。事实上，许多在我们的生活中随处可见的公共艺术作品，它们潜移默化地影响我们生活和审美观的同时，还提醒我们去思考艺术与城市、艺术与大众、艺术与社会的关系。

第一节　公共艺术与现代城市建设

一个城市的公共艺术必须符合这个城市居民的审美标准和生活需要，反映一个城市的个性。本文以现代城市建设为背景，探讨公共艺术理念在城市发展与建设中的作用。

一、现代城市建设与公共艺术的关系

一座现代城市，是以城市历史为主线，文化为背景，融工艺美术、雕塑艺术、景观艺术、文化艺术等为一体的综合体。道路、桥梁、河道等构成城市的动脉和骨架，而公共艺术则是城市的血脉和精神。

1. 城市化发展带动了公共艺术的繁荣

近年来，世界经济发展取得了举世瞩目的成就，人民物质生活水平获得极大提高。城市的快速发展，引发了公众对文化的新诉求，唤起人们对艺术化生存空间的热望。21世纪，经济不再是衡量一个城市发达与否的唯一标准，以文化内涵为核心的城市文化氛围渐渐成为表现城市魅力和体现城市发展的另一个重要指标。

随着城市化进程的加速，城市环境建设的投入力度不断加强，为城市环境建设服务的现代公共艺术在各大中小城市得到繁荣。为政治宣传、为纪念活动、为商业需要等目的存在的公共艺术作品以多种形式在城市焕发生机，公交、地铁、公共卫生间、广场等各种场所都能看到公共艺术的踪影。艺术不再高高在上、远离人群，而与社会互动，将美与真普及，公共艺术家更积极地担负起自己的社会责任，参与到创造人类城市环境的伟大事业中来。

2. 公共艺术的繁荣提升了现代城市的品质

城市公共艺术代表一座城市的文化品位，反映一座城市的文化内涵和精神气质，是艺术地记录国家与城市历史、文化最有效的表达方式。目前，许多城市的公共艺术建设已经纳入城市建设规划，越来越多的优秀公共作品不断涌现，城市形象和城市整体艺术水平不断得到提升。

城市公共艺术在塑造城市形象中具有提炼城市精神、反映城市活力、弘扬传统文化、建设城市文明、美化城市环境的作用，是一座城市的"文化名片"。对于城市的市民，公共艺术的审美价值使公众在获得审美愉悦的同时，培养审美能力，塑造审美境界，心灵和性情得到陶冶，进而推动文化心理建设与智力开发、伦理储备等。公共艺术通过对城市空间和城市市民的改变，对现代城市品质的提升起到重要作用。

二、公共艺术在现代城市建设中的有效利用

公共艺术已经深度融合到城市建设的方方面面，主要来看，在以下三个方面较为突出。

1. 公共交通

公共交通作为城市公共空间的延伸，为人们提供了认知、出行、欣赏的空间。公交、地铁不仅是交通工具，作为城市化发展到一定程度的标志，它更是城市艺术水平的展示平台。重视文化的国家和城市，会把公共交通作为展示文化形象的窗口。

在荷兰阿姆斯特丹市有一座著名的《彩虹车站》，这个作品由罗斯加德设计工作室和科学家们联手创作，其中包括荷兰籍科学家Frans Snik、美国科学家同时也是北卡罗来纳州立大学教授Michael Escuti。他们将古老火车站与新锐的光学技术相结合，为了表现出逼真的"彩虹"，他们制作了一个光谱过滤器，这个装置可以有效地散射充足的白光，从而凸显出"彩虹"所拥有的色彩。

这个作品是为庆祝阿姆斯特丹市中央火车站落成125周年而设计制作的，映现在老火车站棚窗之上的"彩虹"有150英尺宽，人们在每天的傍晚时分才可以

看到它，并且他们只有半个小时的时间观赏它。工作人员每天会开启一盏4000瓦的灯，用液晶滤光器将白光散射出去，映在老火车站的棚窗中，最终形成"彩虹"。短暂的观赏时间使人们格外珍视与其"相会"的时刻。拥有了如此绚烂"彩虹"的老火车站，似乎无时不沐浴在一种新生的氛围之中，时间和空间的界限被打破了，人造与自然的原初意义经过这次作品的颠覆，又产生了新的解读，这件作品为旅客们带来了特异的精神体验，构建出了一个同"彩虹"这个意象相关的特定公共场域，在艺术创作中运用了天文学领域的技术，使其具有鲜明的实验性意义，如图3-1所示。

（a）　　　　　　　　　　　　　　　　（b）

图3-1　阿姆斯特丹市彩虹车站

在新加坡樟宜机场出境大厅中央安装了上千滴可上升和下降的金属雨滴，项目名称为Kinetic Rain（动能雨），灵感来自德国设计集体ART + COM设计师们对夏季多雨的气象环境的感受，雨滴装置雕塑在1号航站楼的出境登机大厅。

该艺术装置由两部分组成，每组608滴用铜覆盖的轻铝制雨滴，共1216滴，用钢丝悬挂在空中，再通过电脑控制以编排好的方式精确的上下移动，看起来就像会跳舞的雨滴一样。整个安装跨度超过75平方米和立差超过730米的高度。Kinetic Rain有15分钟的计算设计编排，两个部分同时移动，时而镜像，时而补充，时而彼此回应，几个聚光灯源对这些雨滴的照射创造出美丽的阴影，渲染着雨滴的运动。像极了一处精心编排的戏剧，让人们在紧张的旅途中充分享受乐趣，如图3-2所示。

2. 城市建筑与城市广场

城市建筑是体现一个城市风格特点最直观的要素，城市建筑的色彩、造型、布局、空间尺度都直接决定了人们对这个城市最直观的印象。杭州西湖边的建筑大都以绿灰色为主色调，以低矮、古典的造型为主，建筑物的高度设计得错落有致，赋予空间的节奏与韵律感，体现了杭州清秀、古朴的城市特点。

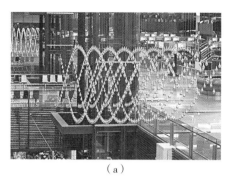

（a） （b）

图3-2 Kinetic Rain（动能雨）

城市广场是大量人流、车流集散的场所，是城市道路枢纽，是城市中人们进行政治、经济、文化等社会活动或交通活动的空间，它的地位和作用很重要，是城市规划布局的重点之一。优秀的广场设计能集中表现城市的艺术面貌和特点，满足市民的审美情趣。

伦敦的换乘广场（Exchange Square）位于一个哥特风格火车站前，火车站为广场提供了绝佳的设计背景，成为设计的主要组织装置，刺激了火车站站台和广场之间的互动，升级了游客的感官体验（图3-3）。

在拉斯维加斯"life is beautiful"音乐广场上，malka architecture设计团队与justkid的馆长charlotte dutoit共同发起了一项公共空间座椅艺术。他们用绿色的木制托板构建了两组巨大而又霸气十足的观众席，设计采用层叠的设计，用我们所熟悉的几何形式布局，创造出一系列多功能互动式公共空间。其中一个层叠半圆形的舞台看起来就像古罗马的竞技场，三个嵌入式的半圈相互交错，后排椅子也兼做前排人的靠背，功能多样化。而在另一个场所，设计师创造了三个三角形的结构，同样的绿色作为周围草坪的延伸，在形式复杂多样化的状态下还与大自然保持着生态平衡，让人们更加多了一份亲近感，减少了人与"工具"之间的距离感，如图3-4所示。

图3-3 伦敦的换乘广场 图3-4 音乐广场上的公共空间座椅艺术
"life is beautiful"

图3-5　耶路撒冷广场公共艺术"warde"

耶路撒冷是三大宗教（犹太教、基督教、伊斯兰教）的圣地，像这样充满宗教神圣感的城市想必在日常生活中都是相当虔诚和严肃的，但耶路撒冷市政府邀请设计机构HQ architects在城市中心广场为其安装了一株巨大的红色充气花朵，名为"warde"，整株花朵分为两个部分，每一个跨度都为9m*9m，在蓝天下，红色的花朵显得尤为靓丽。然而，这不仅仅是用来观赏那么简单，建筑师在花朵的内部安装有探测感应器，当花朵下没有人的时候，它们是处于闭合状态的，一旦有人在下面停留，花朵便开始自动充气，形成一个树冠样的遮阴区，人们可以在下面享受片刻舒适美好的时光，相当惬意，如图3-5所示

从细节来看，许多城市建筑与城市广场中的公共艺术创作还考虑了人与环境和谐共生的理念。如良好的园林、绿化设计，对道路的设计采取碎石或青石板铺路，公共艺术作品的周围还设计了清澈的溪流，有树林并伴有清脆的鸟鸣等。

3. 基础设施

城市公共空间中有许多基础设施是人们旅游、休闲、度假的寻常去处，基础设施与公共艺术的巧妙结合可以将城市生活的气息、情趣、艺术氛围和审美经验进行传递。

位于范奈斯机场消防站的洛杉矶消防局形象标识——大型雕塑装置"Water Tower"（水塔），一个32英尺高的白色雕塑给人留下了深刻的印象。仔细看去，这个雕塑的形状就像从消防水管里瞬间喷发出的水柱，强悍有力量，白色的折叠钢结构更加强化了力量，但在白色钢板上反射的光线变化又会将其软化，更加贴近水的质量，可以看出创作者的用心良苦。这尊庞大的雕塑之所以建那么高自然有它的用处，机场消防站的仓库是在一条小巷里，但这个位置却是整个洛杉矶地区的防火重地，驻守在现场的飞行员、医务人员和消防队员随时处于救援准备状态，这个漂亮的白色高塔完全可以起到监测火灾的作用，可谓身兼重任！如图3-6所示。

在法国，由ARQX Architects设计的Monção小学里的Préau雨天操场是专为学生设计的公共艺术设施。"Préau"这个建筑功能合理，外观令人愉悦，与自然环境相协调，为小学生的日常生活带来便利。建筑师运用了葡萄园的理念确定

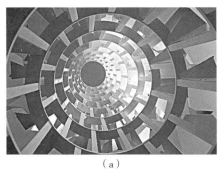
（a）

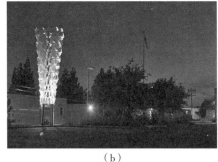
（b）

图3-6　大型雕塑装置"Water Tower"

雨天操场的造型，因为葡萄园和葡萄酒是Monção地区的重要标志。葡萄园的横向架构使用了金属材料，而垂直元素使用了花岗岩。一个主梁支撑着屋顶，整体设计更流畅，让人联想到葡萄的主树干。在法语中，"Préau"指户外上有覆盖的空间，但与我们对覆盖的定义有所区别，更多的是一种孤立和独立的元素，它是与建筑紧密联系的元

图3-7　Préau雨天操场

素，在法国学校设计中是重要的空间，可以理解为"（有覆盖的）雨天操场"。在天气条件不利的法国城市中，往往采用这种设计方式，营造一个受保护的室内空间，让人们（尤其是学生）有充分活动的空间，如图3-7所示。

三、公共艺术应营造城市环境识别系统

1. 城市建设特色离不开公共艺术文化的有效传递

民族特色是一个城市形象、品位的重要体现，更是城市竞争力的重要因素，它深深烙铸在民族的生命力、创造力和凝聚力之中。城市规划建设如何坚定不移地保留和体现自己的文化特色，让人们能够深刻感受城市丰富、浓郁的地方民族特色文化底蕴？这就需要在充分挖掘城市特色民族文化的基础上，用多种公共艺术手法和多样公共艺术方式把丰富、厚重的特色文化与现代化的城市规划建设有机巧妙结合，展现出城市民族特色。

城市主要门户应对有代表性的民族图腾形象符号进行处理，并加以适用，形成鲜明特色的门户空间景观；城市中心干道景观轴线的建筑及空间

突出民族文化城市的要求，建筑尺度、装饰、室外设施等用民族符合体现；旅游服务区展现民族聚居的空间环境及建筑特色；住宅景观区要统筹协调，突出整体感、地方民居造型和装饰特色，并在不同组团的空间布局及重点装饰处理上体现个性特征。城市开放空间体现装饰材料的地方化，形成建筑个性。

2. 城市特色的体现与环境识别系统

城市环境识别系统指城市公共区域的指示、导向标志和公共信息符号系统。通过图形的整合和排列，对繁杂的环境空间进行梳理和规范，帮助人们在城市公共空间中快速、准确地进行视觉识别和获取公共信息的视觉系统。城市识别系统通过一些细节，来"外化"城市的理念和精神，包括城市的主色调、吉祥物、市歌、宣传画册、标志性建筑、街道指示物，甚至包括政府机关办公饰物等，综合体现一个城市的艺术水平和城市特色。日本环境识别系统研究做得非常深入细致，设计之初就充分考虑和整体环境的协调，重视环境中细节的处理，城市绿化的规划、路面的铺设、建筑物材质的选择、公共场所的座椅、无障碍设施、广告、标志甚至公共场所的卫生设施，都是别致的风景。我国许多城市环境识别系统设施落伍，体现不出城市的美学意义和现代意义，城市环境识别系统化导入之路还很漫长。

四、小结

在一个以人为本、以人的全面发展为中心的新世纪，人们追求的是更精致的生活和全面的发展，城市公共艺术对于建设新型城市社会生活显得越来越重要。它作为一种衡量城市环境标志的方法，对延续城市历史文脉，增加城市文化的认同及加强城市景观环境等方面的作用显而易见。运用不同的方法，将公共艺术充分运用于现代城市建设，创造符合大众审美而又个性鲜明的具有可持续发展能力的城市，是我们共同的期待。

第二节　国际化视野下的城市公共艺术案例

一、城市化与公共艺术的关系

当我们研究公共艺术的发展和流变时，会发现其与世界各国的城市化发展如影相随。客观上，当代公共艺术的生存发展与城市发展中以城市功能改造为核心的人居环境形态的变化是密不可分的。

1. 城市化助推公共艺术发展，公共艺术助推城市经济发展

"二战"结束后，城市的复兴与重建成为世界各国建设的重点。高层建筑、大型公共建筑设施、大规模商业建筑及社区住宅环境在规划时都开始注重艺术品位和艺术化建设。在这一背景下，公共艺术理念开始备受重视，由20世纪60年代美国费城最早实行的公共艺术政策到今天公共艺术政策和理念在世界各发达国家遍地开花，城市公共艺术已经深入现代城市的方方面面，并在表现形式上呈现出百花齐放的局面。

城市公共艺术的快速发展是依靠国际经济的高速发展而实现的。今天世界各国都从单纯的城市建设，走向以经营城市为核心的全面建设城市时代，从战略规划的角度，促进各方面资源的优化配置，实现城市社会资源、人文资源和自然资源的价值最大化，为市民提供舒适宜居、安乐幸福之所和便捷的公益性、公共性城市产品。城市化直接引发社会公共建设事业的迅猛发展，包括在城市的广场、商业区、景区、学校、社区街道以及建筑空间中布置公共艺术作品，通过公共艺术的视觉确认性和重塑公共空间而放大城市价值。随着城市价值的放大，也激化了城市的商业与市场潜力，进一步加快了经济发展的步伐，城市公共艺术的发展为城市经济的发展做出了无形的贡献。随着城市化的进一步深化，城市空间功能由传统工业生产向文化娱乐消费形态转换，市民由早期简单追求的物质享受开始转变为追求城市公共环境的完善和精神享受，城市公共艺术成为城市建设中不可或缺的重要部分。

2. 公共艺术提升城市品质，改善人居环境，塑造城市性格

公共艺术的建设与繁荣，是一个国家，一个民族，一座城市成熟发展的标志，是城市文化和市民人格素质的具体体现及形象化标志，可以说，拥有良好公共艺术的城市，才是一座能够思考和感觉的城市。它增加了城市的精神财富，传达了城市身份特征与文化价值观，体现了一个城市市民对所处城市的认同感与自豪感，成为市民艺术与文化教育中必不可少的环节。

城市公共艺术的快速发展也体现了公共权力的不断扩大，是公民真正参与社会管理的一个方面。公共艺术建设的过程就是市民参与社会公共事务的过程，是公众自己决定居住环境的过程。

公共艺术存在的意义还在于，它能够通过改变所在地点的景观，突出某些特质而唤起人们对相关问题的思考与认识，表达社区或城市的历史与价值。可以说，公共艺术具有一种强大的力量，它不仅改变了城市的面貌，而且还影响着公众的精神状态与对周围环境的认知，成为城市身份的标识，在塑造城市的独特性格方面发挥极其重要的作用。

二、国际化视野下城市公共艺术的价值倾向

在国际上，艺术家、理论家、社会学家对公共艺术的理解逐渐走出人类中心主义，走向尊重自然、生态文明；逐渐走出个人主义和精英文化，走向市民社会及公共领域。公共艺术不再是简单的城市装饰品，而是介入"民众生活"，注重与市民的互动，影响市民的精神追求。人们逐步对城市公共艺术的内涵外延及其发展趋势有了较为清晰的看法和主张。中西方公共艺术界异曲同工地塑造着公共艺术的"世界版图"，整体上呈现出以下几种主要价值倾向。

1. 生态化倾向

城市是由经济、社会、环境等复合综合因素构成的生态系统。城市就像人一样，会呼吸吐纳、也会失调生病，因此我们在城市化进程中要整体的改造城市，不能破坏它的生态平衡。[①]这在一定程度上取决于对处于城市空间中消费或者未被消费过的物质文化实体如何进行改造，是相对保留还是毫无保留地改变我们的城市空间。在日趋激烈的城市化过程中，许多城市改造往往是对原有城市空间的全盘抛弃或者否定，过于注重新空间环境的诞生，而忽视了对原有的历史、文化传统的保留，极大的破坏了原有的生态平衡。尤其在许多中小城市的商业空间、居住空间的建造中，地方政府一味追求经济效益和商业价值的无限放大，推平重建的城市改造项目越来越多，完全忽视了地方区域的生态文化建设，这是对城市生态平衡的粗暴践踏。

近年来，有艺术家、学者开始关注到了这一情况。在中国的沿海城市中山，围绕着一个废弃的50年代的造船厂旧址，艺术家们展开了讨论，是推掉重建还是保留改造，经多次论证最终决定保留原址进行艺术改造。现在那儿成为了世界著名的生态公共艺术区——中山岐江公园。对城市遗址的艺术改造和部分保留对于稳定和平衡城市生态系统起到无法忽视的作用，这体现了生态化公共艺术的现实影响力。

城市空间中，公共艺术建设的生态化倾向也体现在对空间中艺术品的生态化设计上。法国penda设计的"cola-bow"是一个公共艺术装置，由17000多个回收的塑料可乐瓶组成，它们被绑在一起，形成了曲线形的可口可乐logo图案（图3-8）。这件作品希望能唤起公众对塑料污染的重视，鼓励市民将回收塑料瓶作为经常性的环保行为来推广。

---

① 孙振华，走向生态文明的城市艺术[J]，雕塑，2012.（5）.

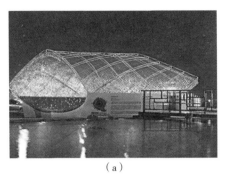

（a）　　　　　　　　　　　　　　（b）

图3-8 "cola-bow" 艺术装置

图3-9 雕塑房屋建筑艺术

2000年，瑞士艺术家诺特·维塔尔在尼日尔的阿加德兹开始建雕塑房屋，他建了一个泥屋群（图3-9），每幢建筑都有一个主题，如"望月之屋""观日落之屋"等，"观日落之屋"高13米，观众从一个楼层到另一个楼层，日落高度随之变化，诗意而超然。维塔尔将被视为废料的牛角等材料运用到建筑中，为了宣扬他那种将公共艺术完全融入大自然的浪漫理念，他在阿加德兹持续工作7年。

上述案例分别体现了城市公共艺术生态化倾向三个方面的内容。

① 在城市公共艺术的建造过程中，充分利用废弃材料，注重材料资源的可再生性，尊重自然，最大程度地保护环境资源。

② 艺术家通过公共艺术创作，将生态化理念渗透到公众的欣赏习惯、艺术消费方式中，并进一步将公共艺术的生产制度、管理制度向生态化发展。

③ 将公共艺术有机融入城市中，使公共艺术和现代城市经济、社会、自然成为统一的生命体。

2. 市民化倾向

在社会精神文明建设高速发展的背景下，由艺术带动的精神体验在日常消费中就可以得到满足。著名公共艺术理论家孙振华博士说过：人类正大步迈入公共艺术时代，公共艺术时代注定了一切艺术品都将成为公共产品专注为公众服务。因此，城市公共艺术的价值体现应该以公众的视角进行思考、评价或作为审美依据，公共艺术是城市市民共享的精神和共有的经验，是市民权力的表达方式。公共艺术应该走向公众、走进普通市民生活、反应普通人的价值观已经成为共识。

上海南京路五卅广场上曾经出现了一个引发公众热议的雕塑——"芙蓉姐姐雕像"。这一雕像的设计意图是表现一个由富有争议到百炼成刚的励志人物形象，是一种积极价值观的传播。雕塑的设计选自有争议的市民形象，代表了中国社会中一部分有同等命运的人，极大地引发了多数草根阶层的共鸣。

图3-10　长沙市步行街雕塑

此外，还有一部分表现世相民情的作品也被常用来装饰城市街景。长沙黄兴南路步行商业街做了一个配套公共艺术项目，共七组雕塑（图3-10），雕塑小品的艺术创作围绕原汁原味的长沙民俗与商业业态来展开，还原生活的本真状态。比如，作品中有修鞋补锅的场景，还有炸臭豆腐的小吃摊子以及滚铁圈、跳皮筋、打陀螺的"童趣篇"，真实回放星城百姓过往的民生民俗。材质方面，雕塑小品均为青铜，与步行商业街的麻石地板相映成趣。比例上，与真人差不多大小。这组作品不仅让长沙有一种扑面而来的亲切感，也成为向外地人展示长沙民俗风采的一扇"窗口"。因为作品内涵的市民化，雕塑与长沙普通市民的生活背景和情感体验相贯通，完全打破了以往雕塑与普通市民之间的距离感，看到雕塑的大部分长沙人都将产生共鸣，雕塑作品也在情感上获得与公众的交流和沟通。

具有市民化倾向的艺术作品的特点是：彰显普通市民价值观和生活观，突出市民生活主题，普遍以一种放松、休闲、娱乐的姿态出现，作品形式简单、直观、明了，文化的怀旧与放大等。这类艺术作品容易以一种具体的情结快速走入人的内心世界，并引发共鸣。因而，此类作品也是当前城市社区、街道最为普遍的公共艺术品。

3. 参与性倾向

没有公众参与，就没有真正的公众艺术。"公共艺术"不只是艺术的问题，公共性才是其发生的前提。①当然，公众的参与可以体现在两方面，一种是公众民主的、公开的参与艺术项目的决策过程，意在体现社会主体的市民的主体价值及贯彻公共艺术文化的"公共性"。另一种是指公众直接参与公共艺术的过程，与艺术进行体验、互动。

在国际上，有许多公共艺术的规划都邀请公众参与，著名的设计师贝聿铭设计的巴黎地标建筑——卢浮宫玻璃金字塔（图3-11）的公共讨论非常充分。贝聿铭最初提出为卢浮宫建玻璃金字塔入口时，引发争议。法国政府并没有强制修建，而是通过两年时间进行讨论，并且政府在原地建造了一比一的模型，采取市民投票的方式帮助决策，最终60000多名巴黎人进行了投票，选票过半才通过项目规划。②

随着科学技术的发展，许多城市公共艺术导入互动装置及多媒体元素，增加公共艺术品的内在情感，提高公众进一步探索公共艺术品的兴趣，逐渐形成公共艺术品与群众之间的新互动模式。这类公共艺术诉求的重点不在于媒体、空间或艺术语言的运用，而是将"观众""互动""沟通"放在创作的核心位置，认为公共艺术不单是一个

图3-11 卢浮宫玻璃金字塔

孤立的作品，而是"能够在当代文化的意义上与社会公众发生关系的一种思想方式，体现的是公共空间民主、开放、交流、共享的一种精神和态度"。③芝加哥千禧公园的皇冠喷泉、卡普尔·云门等都是真正意义上的交互式体验性艺术品。伦敦维多利亚阿伯特博物馆里呈现的Volume装置是个视听传感的艺术品。其由一系列光柱组成，可根据人的行动而发出一系列声音和视觉感应。当你的形体与Volume发生交互时，就会有奇妙的感受，在游戏、娱乐中与艺术品产生互动，得到身心的愉悦与放松。

与以上案例不同的是，在法国塞纳河畔，由著名华人艺术家蔡国强和谭盾联合创作的《一夜情》是一件典型的以观念性活动表达的公共艺术作品。艺术家创作

① 翁建青. 公共艺术的观念与取向[M]，北京：北京大学出版社，2002：89.

② 张娟. 穿过卢浮宫的"时空"—走近建筑大师贝聿铭[J]，建筑，2009.（1）.

③ 孙振华. 公共艺术时代[M]，南京：江苏美术出版社，2003：25.

的观念性焰火在空中绽放，尽现情侣间的炽烈情爱，募集自世界各地的五十对情侣在塞纳河上共度迷人一夜。当晚12点，伴随着谭盾《纸乐：金瓶梅》的乐曲，伟大浪漫的一夜揭开序幕。空中焰火先后打出"一夜情""玩吧"的英文字母"One Night Stand""Let's Play"，接下来的焰火从安静、平稳、温柔、羞涩到制热、喧哗、动感、热闹，渐次升温，终于，漫天焰火不可遏制地喷射爆裂，将高潮推向顶峰。之后，火力渐趋平缓，天地又归于幽静。这十多分钟里，各种高低尖叫——不同焰火的迥异声效烘托出爱侣缠绵时的美妙气氛。接下来，随着谭盾的音乐再起，河面右侧一艘由大型"情人船"携六艘小船一起亮灯，在一片欢呼中进入观众视野。情人船上载着五十对募集自世界各地、不同种族的情侣，呈现所谓的国际性与多元文化交融。这五十对情人与岸上观众尽享塞纳河胜景与法国悠久浪漫自由的文化艺术氛围。情侣们可以选择关掉帐篷内的灯，把时光悄悄留给自己，也可以点上灯，让观众看到他们朦胧的身影。若情人们愿意分享尽兴体验，只要按下身边按钮，帐篷内灯光就会密集闪烁，瞬间周边小船喷射数十秒焰火，让所有情侣、观众在同一时刻产生巨大的情感共鸣。作品呈现的时间和次数由情侣们决定，让所有人陷入对美好的不确定的巨大期待，最终产生的偶然效果给艺术家和观众带来此起彼伏的惊喜。此次艺术节艺术总监琪亚拉·帕里斯（Chiara Parisi）表示，《一夜情》是一次独特的浪漫体验，也是对巴黎人心中之爱的回响。巴黎是恋人们的城市，人们在塞纳河畔漫步，欣赏她如画的街景……作为《白夜》艺术节的一部分，《一夜情》也是一场夜晚的冒险，它营造充满幻想与激情的气氛，呈现出一个别样的巴黎。蔡国强以诗意的大型艺术装置以及火药、焰火联结古老与现代的力量，创作出一种崭新的公共艺术形式（图3-12）。①

图3-12　"一夜情"观念艺术

---

① 蔡国强塞纳河上创作《一夜情》爆破计划［EB/OL］．http://cul.qq.com/a/20131008/013324.htm

对于大多数艺术家来说，实现具有高科技含量的公共艺术装置或者大型公共艺术行为的设计毕竟是一个复杂而漫长的工程。现实中，创作简单直接的公共艺术与公众形成交互正逐渐成为多数艺术家创作的首选。

图3-13是一个题为《厨师、农民、他的妻子和他们的邻居》的公共艺术作品，位于荷兰阿姆斯特丹新西部，由一群年轻艺术家、设计师和社区居民共同创造。在当地，农业和烹饪被视为分享知识和传统的方式，项目初衷是建一个"社区的花园""社区的厨房"。当地居民是项目的主力军，他们组成委员会，参与管理工作，负责开放花园生产，敞开厨房烹制食物。在这个案例里，居民参与设计了自己的城市，市民权利意识得到激发，对城市公共艺术建设产生了深远影响。

今天的欧美等西方发达国家，人们已不满足于欣赏街头广场的雕塑，而是通过建立各式各样的雕塑公园（Sculpture Park），集中地、成批地把雕塑作品与自然风光结合起来，形成景点，供人们游玩、欣赏，如巴黎市中心的阿里斯蒂德·马约尔（Aristide Maillol）雕塑公园、意大利的新罗马雕塑公园、维也纳国际雕塑公园等。同时各种雕塑园区和展览也成了艺术家们自由创作、展示才华的舞台，提高了他们的创作水平。

华人艺术家Candy Chang在自己新奥尔良家附近一所被废弃的房子侧面安装了

图3-13 公共艺术作品——厨师、农民、他的妻子和他们的邻居

图3-14　Candy Chang的主题艺术

一块巨型黑板，以"在我死之前，我想要＿＿＿"为题，向每个路人提出问题（见图3-14）。之后，不断有人在这里写出了自己的答案，短短一个礼拜的时间内，上千人参与了这项活动。这种朴实的艺术表达方式呈现出一种另类的艺术体验，这一简单的公共艺术案例创造出的轰动效应也揭示出：回归生态、简单直接、走入心灵的主题必将是未来城市公共艺术的主流选择之一。

三、小结

城市公共艺术发展到今天，已经大大突破了传统艺术的思维范畴，改变了以传统雕塑为核心的公共空间艺术形式。国际化视野下的公共艺术案例研究，让我们站在一个更高的视角全面审视当代公共艺术存在的形式、类别以及功能。可以预见，随着城市化进程的加快，城市公共艺术将成为城市政治、经济、文化的交接点，为当代城市的繁荣与发展做出极大的贡献。

第三节　我国中小城市公共艺术的调查与思考

公共艺术作为城市形象的名片，承载着城市发展的历史。随着城市化进程的加快，各中小城市公共艺术建设也如火如荼的进行。本文以长沙、太原、台州、嘉兴四个城市的公共艺术为样本，从实际出发，通过调查研究，归纳总结当前中小城市公共艺术建设现状和存在的问题，并探索出解决方法，以期更好地关注中小城市公共艺术的建设与发展。

一、四座选样城市公共艺术建设现状概要

1. 长沙市城市公共艺术品的现状概要

从20世纪90年代末开始，长沙市的城市公共艺术很大程度上集中规划在湘江路、黄兴路等城市主干道及大学城、老城区等区域。近五年来，随着长沙城市扩

建，一些新的楼盘及景区不断涌现，公共艺术品也在向城市的各个角落蔓延。

湘江路位于长沙重点建设的沿江风光带，长约26公里，公共艺术作品五十多件，其中不乏优秀的大型主题性雕塑。如为纪念1998年抗洪事迹树立的"98湘江抗洪纪念碑"，主题雕塑"四羊方尊""图腾柱""怪神射箭"等，都有强烈的湖湘文化气息。除了大型的主题雕塑，一些富有生活情趣的雕塑小品如《远方的客人》《放风筝》等，已经融入市民的生活。黄兴路以黄兴南路商业步行街最具影响，为了凸显出此处的特色，一系列反映老长沙市民文化的城市雕塑被创建在街道之中，《酒鬼》《老长沙》等写实组雕塑，都能在长沙市民中产生情感共鸣。

在湖南大学城，以中南大学、湖南大学、湖南师范大学校区为代表的校园雕塑体现了各自学校的特色文化。湖南师范大学与湖南大学作为湖南的传统高校，其校园公共艺术主要以名人写实雕塑为主，多采用大理石等传统材料塑造。湖南大学的公共艺术作品以近现代人物为主题，如最具代表性的《毛泽东像》《雷锋》《谭千秋》等。湖南师范大学的主题公共艺术品有许多古代人物肖像雕塑，如《屈原》《司马迁》《祖冲之》等。中南大学以抽象题材为主，如《升华》，是一件获得国家级大奖"城市雕塑优秀作品奖"的作品。造型为一个金属球在烈火中经过提炼得到升华，它既代表了中南大学在冶炼方面的杰出贡献，也象征着湖湘学子在学术上的不断追求。湖南大学城中三所代表性高校中的公共艺术陈列是国内同类城市、同类高校中的缩影，反映了自20世纪80年代以来，公共艺术创作在校园环境中的一种常态。在长沙老城区，自20世纪80年代以来创建的公共艺术则以近现代名人系列、湖南风光浮雕、仿青铜鼎铜雕及抽象的不锈钢雕塑为主，营造出浓郁的历史与文化氛围。但随着城市的拆迁与改造，那些20世纪80、90年代创建的反映时代精神面貌的公共艺术作品被损坏的很严重，原有的艺术生态在逐渐没落，取而代之的是一些新的与大众文化、后现代文化相关的艺术形式在快速增长的城市化进程中悄然生长，营造出新时代的艺术场域。

2. 古城太原城市公共艺术现状概要

太原在历史上曾为九朝古都，在从周朝起的2000多年里，建造了许多宏伟壮丽的建筑。近20年来，太原市的城市公共艺术发展非常迅速，从太原市规划局城市雕塑管理处了解到的数据，20世纪70年代，太原市城市雕塑仅仅有4座，到20世纪90年代，城市雕塑的数量也仅仅有31座，截至目前，太原城市雕塑已经有了353座，比20世纪70年代增加了近90倍，比90年代也增加了10倍。

客观来看，近年来，太原城的公共艺术虽然有所发展，但作为九朝古都，其公共艺术创作与其城市历史文化脱节，很难见到反映太原城市发展的系列公共艺术群，且城内公共创作同质化非常严重。作为我国历史上为数不多的拥有着大量历史遗迹的省会城市，近年来公共艺术创作现状并不理想，与同为多朝古都的西安相比，其城内的公共艺术明显缺乏文化感与历史感。

目前，太原城市公共艺术总体布局为：主城区共有125件公共城市雕塑，主要分布在迎泽区和杏花岭区，分别为47件和37件，其余的零星分布在其他4个区。从整体上看，太原城市雕塑还存在着市财政投资少、地区分布不均、材质单一、大型城雕建设不足等问题，有必要对其做整体上的规划，以促进合理分布、健康有序的发展。

3. 浙江台州、嘉兴城市公共艺术概要

1.3.1 浙江台州城市公共艺术现状

台州市位于浙江中部沿海，快速发展的经济和城市建设为台州城市公共艺术建设提供了坚实的物质基础和良好的空间载体。经过近年的努力，台州城市公共艺术建设有了突破性的进展。

台州市于2004年底正式委托中国美术学院编制《台州市城市雕塑规划》。城市雕塑规划是在城市总体框架下的专项规划。2005年，台州市政府推行百分之一文化计划，规定在城市规划区范围内，城市广场绿地、重要临街项目和占地10万平方米以上的工业项目、总投资3000万元以上的公共建筑、居住小区等建设项目，从其建设投资总额中提取1%的资金，用于城市开放性空间的公益性公共艺术建设。[①]台州成为国内第一个实施百分比艺术的城市，在政策引导下，经过接下来3年的努力，近8000万元的社会资金投入到以城市雕塑为主题的公共艺术建设中，市中心形成了一片相对集中的展示区，台州市公共艺术在质和量方面有了飞速发展。

4. 嘉兴中心城区公共艺术基础现状

改革开放以来，嘉兴受到上海浦东开发的辐射、苏南开放型经济和浙南民营经济的交汇影响，经济社会快速发展，综合实力显著增强。城市化进程的加速，市场经济的活跃，社会需求及投资渠道的多样，使嘉兴地域现代公共艺术发展呈现多元化面貌。

根据不完全统计，嘉兴市中心城区公共艺术品现有48座左右，形式主要以雕塑为主，重要节点公共艺术品有22座，一般节点有26座。按材质来分，一般为石质类、合金类、玻璃钢等。早期作品一般以石材为主，2000年后以合金类

---

① 黎燕、陶杨华、陈乙文. 国内城市百分比公共艺术政策初探[J]. 规划师，2008. 11.

为多，其中材料最具当代性的是七一广场中的大型水装置——水幕电影，集"水、雾、影、声、光、电"为一体。高度超过15米的公共艺术品有3个，分别是《红色扬帆》《水幕电影》《江南印象》，其他多为中小型雕塑。题材主要分为四大类，一是艺术文化题材，强调关注当代艺术潮流，如陆乐的《朱彝尊》，引领嘉兴潮流。二是历史文脉题材，多以南湖红色革命为主，如市政府前的《红色扬帆》、革命烈士纪念馆中的《英雄》、环城湖边上的《狮子汇》等，三以文化传统、民俗特色为主，如《春蚕》《五芳斋》《春耕》等。四是以新科技新媒体的国际文化交流题材，如七一广场中央的大型水幕电影。嘉兴市室外雕塑与环境结合较好，根据特定空间环境氛围营造所需，设定不同形式感的造型及材料。

二、四座选样城市公共艺术建设存在的问题

近20年来，我国中小城市公共艺术有一定发展，但发展的速度与质量远远没有跟上城市化发展的进程，不能满足人民群众日益增长的物质、文化、精神发展的需求。

1. 公共艺术作品艺术水平低下，同质化严重

在经济的推动下，民众会有艺术欣赏的需求，这是城市雕塑飞速发展的根本原因。从量方面讲，公共艺术发展进入了一个较好的时期，在质的方面，整体水平仍不高。据媒体报道，太原市规划处城市雕塑处曾对太原市的城雕做摸底普查，在353座城市雕塑中，优良的城雕仅有6座，341座被认为一般，6座被认为是"城市垃圾"。

四座城市在公共艺术建设方面存在诸多共性，如四个城市均有当地名人的雕像，多出自雕塑工厂，普遍存在艺术水平比较低、人物比例不协调等问题。另一个问题就是创作题材狭窄，一个优秀的城市共艺术作品创作出来以后，很多城市都模仿，蜂拥而上，不考虑与当地的历史文化是否相契合。深圳的"拓荒牛"得到了专家、普通群众的好评，于是，四个城市都出现了以"牛"为造型的雕塑，如长沙"先导牛"、太原"镇海牛"等。

2. 城市文化定位不明确，公共艺术管理不规范、无序发展

目前二三线城市公共艺术整体水平不高，城市雕塑乱立乱建、无序发展，只要任何单位愿意，就可以设立公共艺术作品。很多建设单位因自身文化水平、程度的局限，不懂得甄别公共艺术作品的品质，而政府相关管理部门的缺失，也使得城市公共艺术更加杂乱无章和混乱。太原市公共区域的城市雕塑虽然有125座，但是，仅迎泽区和杏花岭区就有84座，占了三分之二；大中型城市雕塑共28座，迎泽区、杏花岭、小店区三个区就有21座，比重占到

四分之三。分布不匀，发展参差不齐，可看出太原市城市雕塑缺乏统一规划、管理。

长沙市逐渐意识到城市规划管理的作用，2004年8月，长沙市规划设计院有限责任公司、湖南省雕塑院和长沙市建委共同编制了《长沙市城市雕塑规划》，构建了"一区、二园、两带、六轴、多心"的点状分布、线状延伸、面状扩展的城市雕塑空间布局结构。2006年7月，长沙市城市雕塑委员会成立，长沙市政府还同意在长沙市建委增设城市雕塑管理处，负责全市城市雕塑建设日常管理工作；同意成立长沙市城市雕塑专家委员会，为城市雕塑作品的评价、评审等活动提供艺术、技术咨询，但这些机构与条例的作用有限。

3. 在我国中小城市公共艺术缺乏与环境的和谐共生

公共艺术家王松杰指出："艺术家不应该先把雕塑作品完全雕好，然后再考虑把它摆在什么地方，而是在构思时就要联系到一定的外在世界和它的空间形式和地方部位。"[1]如果公共艺术的存在，与周围环境空间的主题文化有冲突，与建筑街道园林有冲突，都会影响艺术品质。城市公共艺术必定要能明确反映出它所处空间的主题思想，并且点明其主题，升华其主题。因此，城市雕塑在创作的过程中，除了审美性与基本质量，还应该考虑雕塑本体外的东西，如城市规划、城市文化特征、城市建筑形态等。客观来看，长沙城早期的许多公共艺术作品并没有与空间主题相统一。在创作的过程中，只注重自我表现，导致与环境、文化的不和谐，造成了与城市空间的脱节。比较突出的是长沙市黄兴路因烈士黄兴而得名，街口矗立了一座高5米的黄兴铜像，黄兴的形象潇洒精神，衣着西服，头发后梳，给人的感觉是一个前来消遣的老板。这条路的定位是长沙市人流量最大的商业娱乐街，与红色文化完全不相干，因为街名的缘故，步行街的商业氛围与革命烈士的文化形象两种毫无联系的视觉元素被硬放到了一块，人为造成了空间的紊乱与文化的隔离。

4. 公共艺术建设与公众存在空间和情感的距离

从公共性上看，城市公共艺术与大众的距离分为空间的距离和情感体验上的距离。空间上的距离首先是指城市公共艺术作品位于公众可以随意到达的公共开放空间。有的地方在雕塑周围设置上围栏，意在保护雕塑，客观上在城市雕塑与公众之间制造了新的距离。好的雕塑作品能使观众产生情感上的共鸣，可能是以艺术的形式给公众审美体验，也可能是一种心灵上的滋养。作为医院

---

① 王松杰、吴晓. 城市中的雕塑——雕塑的"城市性"初探[J]. 建筑与文化，2010 (07).

里的雕塑，亲切是首要前提，这能舒缓病人情绪，起到帮助病人早日康复的作用。可是在太原某医院内，猛虎、狗熊等一系列野兽形象的雕塑到处摆放，凶恶的表情，咆哮的姿态仿佛充满敌意。这样的雕塑，显然无法给病人情感上的舒缓和慰藉。

5. 缺乏对已建公共艺术的维护与管理

城市公共艺术一般是露天摆放，长期日晒雨淋。在实际调研中发现，4个城市的公共艺术均缺少定期维护，普遍出现流痕、外表材质脱落、周围环境遭到破坏，有的甚至被偷窃等现象。此类现象的发生提醒着城市的建设者和管理部门，在当今大力宣传文化建设的大背景下，也应当把公共艺术的保护列入体制建设问题中。在台州和嘉兴，由于公共艺术作品数量较多，这种现象尤为明显，大量创建的公共艺术品得不到管理和修缮。研究人员在嘉兴人民公园以及台州市民广场发现，一些木质、塑料材质的公共艺术作品已开始腐坏并脱落，失去了作品的初衷立意。还有一些其他材质的公共艺术品表面也出现裂痕或者人为损坏的迹象。大量事实说明我国中小城市公共艺术的后续管理与维护应该作为一种行政程序尽快提上日程。

三、解决我国中小城市公共艺术问题的方法与手段

1. 针对实际情况制定我国中小城市公共艺术法案

我国现代城市公共艺术建设有关的法律，如《城市规划法》《建筑法》等对公共艺术方面都鲜有涉及。文化部、建设部联合颁布的《城市雕塑建设管理办法》虽然对城市雕塑的规划、建设和管理作了一些要求，但对公共艺术执行主体、环节、细则上却语焉不详，实际操作有难度。加之其作为行业性、部门性法规的特征较为明显，实际的制约性和执行力度有限，客观上也造成了现代城市公共艺术建设无序、管理混乱的局面。

公共艺术是政府在公共领域推动艺术发展、积累城市文化资产的重要表现形式，对改变城市形象，拓展城市文化内涵，都具有十分强大的人文辐射力和影响力。[①]按照国际惯例，我国可以对艺术百分比政策进行立法，明确规定建筑经费的1%（这个比例可以依据城市经济情况调整）用于公共艺术建设，以此作为公共艺术立项和资金收集的基本方式和主要来源。在政策法令的保障下，公共艺术项目才能顺利立项、建设和维护。

---

① 黎燕、张恒芝. 城市公共艺术的规划与建设管理需把握的几个要点——以台州市城市雕塑规划建设为例[J]，规划师，2006（08）

2. 编制我国中小城市公共艺术总体规划，发布前瞻性指导意见

由于总体规划的缺失，很多中小城市缺乏统筹规划，缺少相应的管理和运作，公共艺术建设盲目上马，在城市环境、城市文化氛围的改善上没有起到积极作用。

一个城市的公共艺术作品布局合理、设计具有创意、形式丰富多样，并具有一定的艺术品质，必须规划先行。城市公共艺术发展方面的研究和实践表明：科学合理的公共艺术规划，是统筹城市公共艺术建设的必要依据。

首先，需要在国家层面推动建立专门的行政管理机构，负责城市公共艺术项目的整体规划设计、布局和运作，为公共艺术的发展建设提供行政保障；其次，城市公共艺术行政管理机构颁布城市公共艺术规划，在政策规章的保障下，城市公共艺术发展才能反映城市整体特色和品质、有厚度、有历史积淀感。

3. 把好公共艺术设计关，保证公共艺术作品质量

公共艺术具有公共性、永久性特征，一个公共艺术作品一旦建成，将在很长的时间内面向公众，潜移默化地感染公众情绪，影响公众审美，因此，公共艺术作品应尽量不留遗憾。杰出的设计是保证城市公共艺术品质的前提，应严格把好设计关。公共艺术的设计应包括两个方面：一是公共艺术作品自身的艺术设计创作；二是艺术作品周边的环境空间设计。公共艺术作品本身的设计需充分考虑材质、尺度、造型风格等艺术表现内容和形式，需要艺术家进行艺术个性创造和设计。周边环境空间是一个复杂的综合体，它包括空间环境、文化环境、风俗信仰、道德禁忌、情感诉求等，公共艺术作品需要有机地融入这个大环境。

4. 强化公共艺术项目的运作组织

许多发达城市已有较为完善的公共艺术项目运作组织——包括运作前提、运作过程与运作模式三项内容，其实质是以城市发展规划为前提，确保公共艺术项目顺利运行，权益合理分配，计划有效实行的一个实施框架。[①]公共艺术项目的运作流程，包括制定项目计划、行政审批、征集公共艺术设计方案、公示、设计实施、公共艺术品后续管理与维护等主要步骤。在实际项目运作中，不同的程序和主体也可进行组合。

值得一提的是，公共艺术为公众而建，从立项开始就必须凸显公共性，设计方案的评审需要大众参与，一旦公众对作品提出建议和意见，公共艺术的管理机构和制作机构应对公共艺术作品加以评估和修正。公共艺术是一种特殊的

---

① 马佳. 城市公共艺术项目运作组织研究（D）. 哈尔滨工业大学，2009.

社会审美，它的标准必须接受解读与修正。

5. 完善和提高中小城市公共艺术项目精细化管理、针对性管理、分类管理水平

目前，中小城市公共艺术原创性水平不高、项目制作水平低下、规划无系统性等问题日益突出的主要原因在于地方相关职能机构缺少有效的管理。在政府部门的行政管理中一般有以下三种管理方式：精细化管理、分类管理、针对性管理。在城市公共艺术的建设中，却很少有地方政府会对公共艺术项目制定详细而周密的管理计划。

现代管理学认为，科学化管理有三个层次：第一个层次是规范化，第二层次是精细化，第三个层次是个性化。精细化管理是社会分工精细化、以及服务质量精细化对现代管理的必然要求。精细化管理就是落实管理责任，将管理责任具体化、明确化，它要求每一个管理者都要到位、尽职。对公共艺术的管理就要求从项目招标到立项到创建到后续维护都有统筹安排，并有专业人员进行精准定位管理。在具体的管理过程中做到常态化、规范化、绩效化、具体化、明确化。

6. 以公众为本，让公共艺术真正融入市民生活中

现代城市公共艺术是一个面向大众的艺术，积极推广现代城市公共艺术，可以提升市民对艺术的鉴赏兴趣和水平，提高他们参与现代城市公共艺术建设的积极性，让现代城市公共艺术更好地融入大众生活。我国自古以来就讲究"天人合一"，注重"人与自然相和谐"的设计理念，涉及生物、水力、土木的大型公共艺术设计，要着眼于人与自然的生态平衡关系，设计过程中每一个决策者都充分考虑环境效益，尽量减少对环境的破坏。

第四节 城市公共艺术项目运作模式

近年来，我国公共艺术项目运作模式的探讨一直是个热门话题。在西方国家，政府鼓励公共艺术家自由创作，重视以公共艺术的方式进行城市文化推广，各级政府以政府基金赞助或民间基金资助的方式大力倡导公共艺术创作。因此，西方发达国家的公共艺术项目创作活动形式多样，运作也一直比较规范，建立了一套相对完整的运作体系。从政府立意、到招标、到公众参与听证再到艺术家竞标、夺标、方案实施、公众评议等程序非常透明，受法律约束，充分体现了公共权力的阳光化运行。在我国，受社会体制的影响，城市公共艺术在过去的20多年里，项目运作方式一直饱受诟病。同时，由于相关法规、政策的缺失以及权力与金钱的过多干预，使得公共艺术项目领域问题频出，产生大量垃圾项目、反智项目，这种现象直到近几年才开始发生改变。

一、国际上公共艺术运作的三种模式

1. 美国模式

作为当代公共艺术的起源地，美国公共艺术发展成熟，1959年，费城第一个批准了1%的建筑经费用于公共艺术的条例，随后，巴尔的摩、旧金山、西雅图、芝加哥、洛杉矶、达拉斯、夏威夷、华盛顿等州也先后为百分比艺术计划立法，公共艺术政策在美国广泛推广。现今为止，三分之二的美国城市采用艺术百分比政策推动城市文化的发展，并实施相应的公共艺术规划配套。

除了百分比艺术政策为公共艺术建设提供资金保障，另外，美国联邦政府专门设立了国家艺术基金，用以推动艺术的发展建设、审批和资金支持。国家艺术基金会致力于创造高水准的艺术作品，鼓励公共参与公共艺术建设，不断推动公众对艺术的认知和理解。基金以支持艺术的卓越性、创造性，以及革新性为出发点，授予艺术个人或者团体多个资助款项。

美国公共艺术的管理体制较为健全，根据不同的行政层级相应设置了公共艺术行政机构。联邦政府成立国家公共艺术委员会，对国家层级的公共艺术项目进行审批和资助。州、市一级的政府行政机构则设立公共艺术委员会。

2. 英国模式

1989年英国艺术委员会发起百分比艺术计划，鼓励开发商将投资资金的1%用于委托公共艺术创作。英国百分比艺术并没有作为国家级的法案实施，但英国不少地区在操作上采用了这个机制。英国大多公共艺术政策出现在单一管理区、郡、自治区、镇这类地方发展规划中，成为城市规划政策中的补充条款，配合国家规划政策，又因地制宜地指导地方建设。英国公共艺术的一部分经费来自地区政府。地方政府在制定政策的前三年提供一定的政府拨款，帮助公共艺术项目的顺利实施。

彩票也是英国公共艺术的经费来源之一，1993年英国通过国家彩票法案，以立法形式将每年的彩票所得用于扶持有益于社会公众的美好事业，国家彩票资金分配机构负责把彩票资金投入艺术、遗产、体育、慈善以及社区和志愿者组织等公益机构。从1994年开始，英国国家彩票每周为"美好事业"积累约3000万英镑的资金，累计起来，这笔资金的总额约280亿英镑。英国政府通过彩票法案规定了"美好事业"基金分配的比例，艺术项目占18%，自2012年4月至2013年3月，英国政府进一步加大对文创产业的支持力度，艺术项目提升至20%。

20世纪80年代开始，英国出现了专门从事公共艺术运作的机构，如公共艺术发展信托机构、艺术天使信托机构、公共艺术委托代理机构等。

3. 日本模式

"二战"后，日本经济迅速恢复、发展，经济高速发展对城市环境的负面影响迫使日本政府调整城市发展模式，提高城市公共空间环境质量。20世纪60年代开始，日本部分地方市民自发开展"城市景观创造活动"，艺术家积极参与并逐步影响到全国各个城市。20世纪80—90年代，日本掀起公共艺术热潮。创造"拥有雕塑的新型城市"、建造"城市中的美术馆"及"与雕塑一起散步"等提案纷纷出台，全国各地的社会团体不断引进公共艺术大型计划。这些团体希望通过在城市中放置雕塑，使市民对艺术雕塑有一个广泛和普遍的认识，从日常生活的接触和鉴赏中，丰富和提高整体市民的文化艺术素养。

与此同时，日本各级政府均有公共艺术支持政策，对公共艺术建设大力支持。日本现代公共艺术发展的经验是政府支持，注重公众参与，发挥民间团体力量，注重文化保护，走的是坚持社会关怀的道路，其反映的人文精神、民主意识值得借鉴。

二、我国公共艺术项目运作现状

1978年8月，中国美协筹备小组召开了专门的雕塑会议，探讨雕塑如何配合城市建设，揭开了城市公共艺术建设的序幕。1982年，中国美协提交《关于在全国重点城市进行雕塑建设的建议》，得到中央批示，中央每年划拨50万元专项资金支持雕塑在城市中推广，并成立了全国城市雕塑艺术委员会。1995年前后，"城市雕塑与公共艺术"的概念进入我国，但是经过十多年的发展，公共艺术研究和实践都局限在相对狭隘的范围[①]，这很大程度源于多年来在原有体制下创作的城市公共艺术项目大多取决于领导意志，边缘化了艺术家与公众的参与与批评。2004年深圳公共艺术高峰论坛和2006年在成都举办的公共艺术峰会都讨论了城市公共艺术的运作模式等问题，但最后都流于形式，没有发挥出理论对实践的积极引导作用。2008年奥运会和2010年上海世博会的成功举办，给中国公共艺术带来了发展契机。这一时期，在经济和政治环境相对宽松的沿海城市，不仅涌现出很多颇具质量的公共艺术作品，而且公共艺术相关的理论和政策研究也取得长足发展。同时，随着创建国家公共文化服务体系概念的提出，为城市公共艺术的发展提供了良好的政策契机；社会政治、经济政策的不断发展，

---

① 王中. 公共艺术概论[M]，北京：北京大学出版社，2007.

市民政治意识的不断提高，也为真正意义上的公共权力和公共话语涉入公共艺术奠定了广泛的群众基础。

总的来说，当前，中国公共艺术处于转型上升时期，相比欧美发达国家相对成熟的城市公共艺术，其相关制度、法规上的缺失显而易见。

1. 制度保障体系的缺失

从世界范围城市公共艺术的发展实践来看，只有明确了制度体系，公共艺术才能持续健康发展，西方国家公共艺术政策相对完善，为公共艺术发展提供了保障。欧美国家推行的"百分比艺术"，规定无论何种建筑，其总投资的百分之一（各国根据情况比例有所不同）必须留给公共艺术，以立法形式推动公共艺术建设。近年来，公共艺术在中国发展很快，但公共艺术体制建设的发展还是缓慢的。

我国现有的公共艺术法规，大多出台于20世纪90年代中期。对公共艺术的理解，还处于"城雕"概念。最具权威的建设部《城市雕塑建设管理办法》于1993年出台的，至今没有修订。1996年，深圳南山区政府以立法的方式确定，从城建经费中提取3%作为建立环境雕塑之用，但实施效果并不理想。浙江台州也是较早实施艺术百分比政策的城市，住建部和中宣部先后在全国范围内推广公共艺术的台州模式。艺术氛围浓厚的北京也就公共艺术的百分比政策做过课题立项，虽然部分城市已经在探索和践行公共艺术政策，但我国从上至下整体的、系统的公共艺术政策还未建立，公共艺术建设从法律体系、责任制度、资金投入方面都不能得到有效保障。

2. 行政管理部门监管的缺失

一直以来，我国几乎没有专门的公共艺术职能管理部门，目前公共艺术管理基本归于城市雕塑指导委员会或城市雕塑管理办公室管理，属于建设系统。但由于公共艺术的跨界因素，一个公共艺术项目的建设往往涉及市政、交通、园林、文化、宣传、街道、校园、企业等多个主体，在很多省市，城市雕塑指导委员会（或办公室）管理效果并不理想，甚至处于空转状态。

在基层，公共艺术项目更无管理可言，无需严格申报，也没有专业的公共艺术委员会进行指导与审查，中、小型雕塑的立项权几乎都在基层，如街道、社区、厂商、单位一级，公共艺术的产生沦为民间自发行为。如此产生的公共艺术品显得杂乱、零散、无序，不能给城市增添美的感受。

3. 公共艺术项目立项缺乏严谨性

根据《城市雕塑建设管理办法》规定，由建设单位委托有相应资格的单位和个人进行设计，并没有明确规定必须进行公开招标。尽管在一些地方性的补充规定中提出了公开招标的要求，但也仅限于某些广受关注的政府项目，这给权力寻租很大的空间。投标单位的信息不对称和暗箱操作在各地的公共艺术项目中屡见不鲜。相比之下，台湾的法规则明确规定必须采用公开征件、邀请比件等方法。委托创作时，则要求受托的创作单位必须提出两件以上的方案备选。应征方案则必需在网站上公示并召开说明会。最后公布的征选结果报告书，除了正选方案和备选方案说明书，还同时包括审核过程的会议记录、定价会议的记录等。

郑州一尊投资约1.2亿元、高达27米的宋庆龄塑像，从2011年开始修建，到2013年尚未完工即被拆除，公众看不到任何关于宋庆龄雕像建造、拆除、资金来源等相关的项目情况介绍，可见国内公共艺术项目的立项与审批缺乏严谨的程序与制度保障。

4. 忽视管理维护

一件优秀城雕的诞生，不仅牵涉规划设计、环境管理、雕塑构思、制作安放，还牵涉后期管理与维护。随着我国城市化步伐的加快，城市公共艺术建设越来越被重视，整体数量激增，一些有代表意义的公共艺术品已经成为城市标志，另一方面，由于公共艺术管理维护的法规和管理部门缺失，城市公共艺术品建成后的管理维护无法得到保障。

公共艺术一般都是室外艺术，立于街头、广场，特别容易遭到破坏，比如被恶意涂鸦，留下划痕，有些特殊材料甚至被恶意偷盗毁坏。在我国，公共艺术的规划和建设归属城市建设部门管理，而建成后雕塑到底由哪个部门来管理维护，并不明确，像规划、建设、园林和城管等部门都有部分管理职能，事实上，哪个部门都没有履行管理维护职能。

5. 缺少独立的第三方公共艺术批评机构

城市公共艺术项目的第三方批评机构应由公众、媒体、专业艺术家、政府职能部门四方组成，对城市公共艺术的新增项目或原有项目做出定期的批评与指导，形成社会舆论引导城市公共艺术的健康良性发展。当前城市公共艺术项目建设混乱以及项目运作过程的不规范，其中一个重要原因就是缺少独立批评机构的参与。

三、我国公共艺术项目运作的推进方向

1. 应重新制定公共艺术法案

我国现有公共艺术法规出台于20世纪90年代。建设部的《城市雕塑建设管理办法》于1993年出台，目前国际通行使用公共艺术概念，还停留在"城雕"概念的公共艺术法规，已经严重滞后了。

按照国际惯例，我国可以对艺术百分比政策进行立法，明确规定建筑经费的1%（这个比例可以依据城市经济具体情况调整）用于公共艺术建设，以此作为公共艺术立项和资金收集的基本方式和主要来源。在政策法令的保障下，公共艺术项目才可以得到有效的立项、建设和维护。

2. 设立专门的公共艺术项目管理机构与第三方评价机构

建议将公共艺术作为城市文化发展建设过程中的重要组成部分，在国家层面建立专门的行政管理机构，如省一级城市成立省级城市公共艺术专项管理办公室，下设城市公共艺术指导委员会，专门负责指导城市公共艺术项目的设计、运作和实施，为公共艺术的发展建设提供行政保障，并使公共艺术项目在设计、运作和实施的过程中，各个环节能得到无缝对接，确保项目的顺利和高效实施。设立专门的公共艺术管理办公室是建立公共艺术项目管理体系的第一步，只有设立专门的行政机构，才能保证公共艺术建设有序进行。

同时，在公共艺术项目管理机构之外，还可以设立完全独立的第三方公共艺术评价机构，成员邀请市民代表、媒体人、政府职能机构公务员、专业艺术人士组成。该机构负责对已实施的公共艺术项目做出定期评价反馈和信息收录，并对筹备投标的公共艺术项目进行审核。

3. 公共艺术项目实施过程程序化

按照公共艺术的性质，可以分为完全公共艺术和半公共艺术，完全的公共艺术即公众公共艺术。公众公共艺术模式通常是在建的大规模公有建筑、政府重大公共工程、公园及其他和市政市容直接联系的永久性公共艺术。公共艺术作品的本质是长久的、固定存在空间内的，服务于社会大众。半公共艺术模式是企业以及个人机构负责的公共艺术模式。[①]如企业出资修建的公共艺术、商业大楼附属公共艺术或者短暂出现的公共艺术形式等。无论是何种性质的公共艺术形式都可以按以下实施流程进行设计（图3-15）。

完全公共艺术为公众而建，从立项开始就必须凸显公共性，设计方案面向大众征集，也可以特邀艺术家设计方案，通过有公众参与的评选组织选出最佳实施方案。半公共艺术的出发点往往带有一定的商业目的或私人目的，它们短暂出现又瞬间消失，但在一定程度上也要考虑公众的接受度，考虑艺术的公共性问题。公共艺术的发展，有赖于政府和公众之间的对话，需要搭建协商平台和活动空间，更需要制度保证，并不断深入地完善和细化。

4. 逐步普及推广公共艺术理念

2013年，《我国城市公共艺术资源信息库建设与应用研究》获得国家社科

---

① 孙婷婷. 公共艺术项目范式与中国政策制定的探究[D]，南京：东南大学，2012.

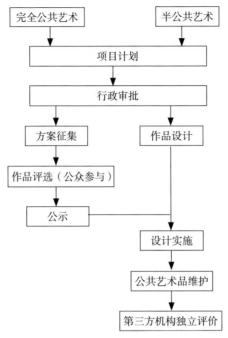

图3-15 公共艺术项目实施流程

基金规划办公室批准立项，国内有了首个权威、专业的公共艺术信息资源数据库，该数据库搜集了海量的城市公共艺术项目、公共艺术家、公共艺术活动、行业网站链接、公共艺术理论研究成果等。通过这一平台，极大地完善了公共艺术系统，加强了学界业界的沟通，强化了与公众的互动，为政府公共艺术决策提供了参考，对公共艺术的普及起到了基础性的桥梁作用。

公共艺术的普及需要从校园开始，在专业的艺术类院校设立公共艺术课程，使学生了解公共艺术的理论知识和发展规律，理解公共艺术作品的思想情感与人文内涵，选择具有经典性、代表性和时代性的佳作，指导学生从自然、社会、文化和艺术等角度比较欣赏，拓展审美视野，形成正确的公共艺术观。

公共艺术的普及还可以从政府层面入手推广，如由文化部、文联等国家机构牵头举办全国性公共艺术大展，与每三年举办一届的全国优秀美术作品展览和中国设计大展，共同构成由政府主办的国家及美术展览体系，从机制层面上进一步促进艺术家的公共艺术创作欲望与公众的参与激情。或者由地方政府举办，并由地方公共艺术基金会组织承办各省市公共艺术法制政策宣传周活动，定期在政府相关部门和城市社区进行公共艺术法制教育宣传活动；公共艺术政策的推广还可以通过编制城市公共艺术规划或者城市公共艺术管理细则、公共艺术设计技术规范等发放给市民的方式进行；另外，对政府相关部门的相关人员进行公共艺术的理论培训以及制作网络形式的公共艺术资源信息平台，提供信息下载、阅览、交流等服务都是较为重要而有效的普及方式。

此外，公共艺术的普及推广还应建立在国际视野基础上。通过不同形式的国际公共艺术活动，如作品展、竞赛、主题会议等，加强国际交流与合作，给中国公共艺术带来国际化视野和更丰富的创作理念。

第五节　城市公共艺术品的管理与维护

一、现实与困境：城市公共艺术品管理与维护中的问题分析

目前，许多城市的公共艺术品管理与维护问题研究明显滞后于实际发展的需要，无法解决现实发展中出现的各种复杂问题，更谈不上进行前瞻性指导，实践上基本处于一种放任自流、无理论指导的状态，更无法在整个社会引起共识。

城市公共艺术作品在建成后的管理和维护中存在诸多问题，主要表现在：一些旧有的公共艺术品年久失修，无人管理修缮，出现一些公共艺术作品善后的盲区；同时，一些新建成的公共艺术品一经落成便遭遇"打劫"。如：在上海，设置于闹市区淮海路人行道上的《都市中人》居然不翼而飞；即使是矗立于堂堂高等学府北大哲学研究所前的《老子》雕塑，也硬是无辜地被人打掉几个手指，致使艺术作品的形象残破。[①]受到"伤害"的不仅仅是雕塑艺术，在备受甲方与设计师青睐的带有水体的公共艺术品中，由于缺乏管理与维护意识，原本充满美感的设计反而成为公共空间中的"败笔"。笔者在研究中发现，很多城市中存在一些污浊或长期闲置的喷水池。之所以出现这种状况，有以下三个方面的原因。

1. 决策者层面的原因

由于目前我国没有专门负责城市公共艺术建设的管理机构，所以主张设置公共艺术品的甲方往往不受任何约束，他们既是决策者，又是执行者。负责建设的决策者往往职能模糊、缺乏专业知识，更多的是从艺术品的外部形式上考虑问题，忽视公共艺术品真正的内涵与意义，同时对艺术品的材质与实际质量缺乏应有的关注，贪图一时的效果与美观，造成公共艺术品经受不起自然条件的洗礼和环境的变化，给后期的管理和维护造成很大的困难。

---

① 原杉杉. 公共艺术机制与管理研究[D]. 清华大学硕士学位论文. 2005.

2. 创作者层面的原因

优秀的创作者是一件作品获得成功的前提条件。当前我国优秀的创作者稀缺，这种优秀不仅是体现在艺术思想的层面，更表现在创作者艺术道德层面。此外，出色的艺术家虽然能创作出超凡脱俗的公共艺术品，但是很多情况下他们往往忽略了公共艺术品所处的公共空间环境，造成艺术品与环境脱节，导致艺术品失去原本的意义，不被观赏者所认同，甚至引起大众的反感。部分创作者艺术道德缺失，在制作中"偷梁换柱"，只有形式效果而没有实际质量，导致建成后的艺术品无法有效进行相应管理和维护。

3. 公众观赏者层面的原因

城市公共艺术品的设立之所以是公共的，是因为它服务的对象是广大公众。公共艺术品服务于公众，反过来公众同样有义务爱护和管理公共艺术品，可以说人民大众是城市公共艺术品建设中的重要组成部分。当下，大部分公众还是缺少相应的美育教育和公共精神，对公共艺术品保护意识淡漠，更有甚者将公共艺术品视为情绪发泄与破坏的对象。很多时候，公众将自己置身于艺术品之外，在公共艺术品受到损坏或人为破坏时采取一种冷漠、事不关己的态度。

综上所述，造成当前国内公共艺术品的管理和维护等诸多现实问题的原因是多方面的、综合性的，这是我们必须面对的现实和困境。因此，如何规范政府、公众和艺术家在公共艺术品的后期管理和维护中的责任，增强市民的保护意识，让艺术家参与公共艺术品的后期管理，都是我们需要认真思考的问题。

二、路径与模式：城市公共艺术品管理机制与维护方法探讨

公共艺术作为一种文化理念，其内涵在中国的导入和实践证明，公共艺术的物化形式背后的灵魂是公共意识和公共精神。一个追求自由、平等、民主、进步的社会是公共艺术及其文化精神赖以生长的社会基础。由此，公共艺术是一项需要政府部门、市民、艺术家等社会力量共同关注、共同努力来完成的公共事务。公共艺术事业发展的各个环节都离不开这三者的参与，针对公共空间中设置的艺术品在建成后因长期无人管理和维护而渐渐成为视觉污染的状况，系统思考公共艺术品养护管理办法，还需从这三者的角度出发，构建科学、开放、三位一体的管理与维护体系。

1. 公众参与度的提升

公共艺术品的管理与维护不同于其他艺术形式，其实质在于将空间环境的管理权赋予普通民众，使艺术品成为凝聚公众意识与情感的对象。因此，公共

艺术品的管理与维护应该是开放式的，引入民众参与，并且把这种参与权放到极为重要的地位，使得民众真正对公共艺术品产生拥有感，进而在情感、态度与价值观上产生认同，这样公共艺术活动的实施才能在民众中获得正面响应。要想达到这种状态，以下一些措施和方法是必不可少的。

（1）公众参与公共艺术的形式

① 通过组织调研活动或媒体宣传，将公共艺术计划告知公众，信息的交流可以保障公众的知情权，进而提升公众参与感，以保证后期公共艺术作品的管理与维护工作在最大程度上得到公众的认可与参与。

② 邀请民众参与公共艺术管理与维护过程，包括：管理权限的界定、维护团队的选择与时间的确定、对公共艺术品的使用乃至参与艺术品的退出机制的讨论。同时，艺术家须与具有代表性的民众形成管理团队，协助民众将参与过程中所凝聚的意见与构想，付诸实践。

③ 为了让民众形成公共艺术品是一种公共财产的认识，把公共艺术品作为公共生活的有益补充，使其在公共生活中产生良好效果，还须在公众间推行公共艺术的教育项目。通过在中小学的美术课或是社会实践课程中设置相关的知识模块或是社会实践活动，公共艺术品可以成为艺术教育推广的活生生的教科书。同时，还可以通过组织公共艺术品摄影竞赛或写生活动等，不断增加公民对公共艺术的了解和兴趣。

（2）完善管理制度，建立公共艺术品认养制度

公众参与公共艺术品的管理光有调研、宣传与讨论是不够的，还需建立公共艺术品认养制度，调动公众力量深度参与公共艺术品管理，同时培养公众对城市公共艺术空间的认同感，最重要的是可操作性强。公共艺术品管理部门可将城市内的公共艺术品按所在区域划分为小块，公众通过自愿报名的方式认养。建立公共艺术品认养制度首先要制定认养办法并予公布，确立公示与专家审评相结合的制度。在公开场所，随时将各种公共艺术品认养结果予以公示，并派专人搜集反馈意见，进行统计。既尊重社会和群众的意见，又依靠专家的智慧力量，提高公共艺术品的保良率。公共艺术品认养制度的实施，应坚持自愿原则，"谁认养，谁管理"，鼓励公众利用闲暇时间对公共艺术品进行维护与保养，同时，须定期组织专家对认养人员进行相关专业知识的培训，逐步提高公众的公共艺术素养。

2. 政府的责任，建立和完善适合中国国情的公共艺术管理机制途径探讨

（1）专门职能部门的组建

无论从专业性质还是职能权限上，我国现存于城市中的各级主管建设、规

划的政府机构，从事艺术创作、评议的艺术家协会或雕塑协会之类的民间机构，都无法适应城市公共艺术品管理和维护的客观需要。随着公共艺术在我国的迅猛发展，现实需要我们建立由国家到省、市级的公共艺术管理与维护的专业机构，对公共艺术品进行高效而专业的管理。这种组织要具有良好的专业性以及与相关专业整合和协调的能力。依据我国的现实情况，构想中的公共艺术管理机构由县市区级以上政府主管领导会同艺术类专业人士、普通民众组建公共艺术品管理委员会。成员分布情况如下：① 主管领导，负责委员会具体事务；② 艺术类专业人员，如专业艺术家或艺术专业教授、专业艺术批评家等，负责提供专业建议及具体实施方案、参考等；③ 公共艺术设计类的专业人员，如建筑设计师、景观设计师及园林设计师等，负责公共艺术品的日常管理与维护具体工作的实施与监管；④ 在相应城市居住一年以上，且熟悉和热心于该城市公共艺术发展的居民代表，如具有一定的艺术文化基础并有社区公众基础的居民代表，负责民众意见的收集与反馈。

（2）规则的制定与实施

综上所述，政府牵头组建专门的公共艺术管理机构后，政府的职责还体现在根据公共艺术发展的情况研究制定一整套既体现国家意志又满足公众日益增长的文化艺术需求的公共艺术管理与维护政策，并制定实施办法保证政策的执行。公共环境中放置的艺术品，往往随着时间的推移、环境的变化、人为的破坏等原因而逐渐失去往日的"光彩"，因而建立明确的公共艺术品养护管理制度成为公共艺术品"常葆青春"的必要措施。这包括：对公共艺术品进行调查，设置专门的污损警示牌；建立公共艺术品的日常巡视制度；建立设计、施工单位接受年检、实施保修制度，在公共艺术品招标环节明确要求设计施工单位承诺年检和保修等。同时，由于公众意愿或审美品位的转移、某种行政压力而欲剥夺艺术品的设立，这里就涉及公共艺术品的退出问题。公共艺术品的退出涉及各方利益，任何一方的意见、建议都应受到关注，各方正当的权益也应受到保护。这就需要政府相关机构运用智慧广泛收集意见，制定各方都能接受的法规和制度，以维护社会相关方面的正当权益。

（3）建立区域公共艺术品交流平台

政府管理城市公共艺术品，还需在逐步完成城市公共艺术品普查工作的基础上，建立区域性城市公共艺术品交流平台，进而利用各级政府的电子政务平台为公众提供公开透明的公共服务。平台的建设工作应包括：① 建立区域性公共艺术品资源信息库，为公共艺术品建立"户籍"档案，对城市公共艺术零散的资源信息进行收集、整理，为决策管理机构提供全面的信息查询，为政府职能部门制定公共艺术政策及管理公共艺术项目提供参考数据；② 建立公共艺术品管理信息实时发布平台，发布日常公共艺术品维护项目信息，为公众了解监督公共艺术管理进程提供知情窗口；③ 建立公众与政府就公共艺术品管理项目的交流平台，为民众的意见与政府的意志提供一个融合公共空间。

3. 艺术家的深度参与

"能被定义为'公共场所的艺术品'的公共艺术的特征是为了强调艺术家存在的重要性，'是谁创作的'比'创作了什么'更重要。"[1]艺术家是公共艺术作品的创作者，是艺术作品的直接责任人，因而在公共艺术品后期的管理与维护中艺术家是必不可少的参与方。在这一点上，日本的经验值得我们重视。在日本，艺术家与管理机构之间以合同的形式来确立公共艺术品在管理和维护过程中的责权管理。其中包括：艺术家有权利和义务参与艺术品维修方案的制定与维护过程，艺术家缺席公共艺术管理与维护过程时需向管理机构提供联系方式、作品对象或构造说明书等。这些都有力地保障了艺术家在公共艺术后期管理中的权益，同时也为管理者提供了一种可供依靠的选择。

三、重塑与升华：城市公共艺术品的重新利用与再开发

公共艺术是一种极为独特的文化现象，在中国当代城市与环境艺术发展中扮演了一个非常重要和精彩的角色，它不仅体现了当代中国城市发展特征，同时也反映出城市文化独具特色的一面。公共艺术品在建成后，其管理与维护举措应从单纯的"维新如新"转向对公共艺术文化的深层次再开发，公共艺术品的重利用也应由追逐经济利益、审美偏好或设计思潮的创新，转向对整个城市文化底蕴的调整，谋求城市文化复兴与可持续发展的艺术再生发展之路。这样，那些具有重要文化价值的优秀公共艺术品可以通过再利用得到更好的管理与保护，那些一般的、大量的公共艺术品同样可以通过适当的重复利用彰显出它们在艺术文化、城市风貌、人居环境延续等方面的价值。公共艺术品因人的审美需求而存在，没有人，则失去了其存在的基本价值，最终会沦为历史的废墟。要使公共艺术品在城市中存在下去，并成为装点城市不可或缺的"风景"，最积极的办法就是改善或彰显它的审美功能，通过再开发和重利用挖掘出更多的艺术文化价值，使其在城市中焕发活力——原有的历史价值与空间价值共同得到显现并延续下来，而绝不仅仅是通过长期维修来维持其外表的光鲜。

---

① 松尾丽. 日本城市公共雕塑的建设以及管理事业的研究——东京都为例[D]. 中央美术学院硕士学位论文. 2013年05月. P6.

随着时间的流逝，公共艺术品自身的历史、美学价值或消退、或增值，不管如何，"一个事物是新的，然后变旧过时，然后被废弃，只有到后来它们重生之后才有了所谓的历史价值。"[①]当公共艺术品所负载的社会情感成为历史，其价值也随之变为历史价值的一部分。它的价值不应仅仅存在于昨天，更应该是连接昨天、今天与面向未来的轨迹。

第六节 对公共艺术作品引发社会悲剧的深思

近年来，公共艺术由于管理不善砸伤、砸死人的事件时有发生。事故发生后，总有人将此归结为"倒霉"和"不幸"，而很少有人去反思公共安全管理的漏洞。事实上，由公共艺术设施导致的死伤事件是公共安全意识的缺失、常态化安全维护缺席的结果。

一、公共艺术作品为何频频酿造社会悲剧

近年来，城市公共艺术领域频频出现悲剧。2007年，台湾嘉义市具历史意义的中央喷水池孙中山塑像在无外力情况下突然倒下，砸伤部分休息的人群。喷水池是1970年许世贤担任市长时兴建，被嘉义人视为"民主精神地标"，水泥灌造的塑像近四十年都未整修，经年累月的风化腐蚀，使其突然倒塌。

2014年5月有媒体报道称，意大利研究者担心米开朗基罗的大卫雕像可能面临倒塌的危险。专家警告称："在大卫塑像的左脚踝和基座部分都已出现了微裂痕，这威胁到了大卫塑像的稳定性。"据了解，意大利文艺复兴时期雕塑家米开朗基罗的"大卫"雕像，已在战争和地震中屹立了约500年。

2015年8月，四川德阳某广场一铜钱雕像倒塌，砸死了一个正在雕像下玩耍的男童。家长对孩子安全性教育的严重缺乏是导致悲剧的原因之一，但并不是主要原因。不管立雕塑的人想要表达什么，在孩子的眼里，它就是一个可供攀爬游玩的大玩具，跟一个滑梯或一棵树并无不同。男孩之死看似偶然，但从孩子们经年累月的攀爬来看，"大铜钱"脱落则是必然。这起悲剧，看护者、雕像管理方都有责任。

2015年8月台湾高雄市出现最大阵风达11级。凤山著名古迹龙山寺中一尊400公斤重的观世音菩萨神像，被强风吹倒，所幸无人伤亡。2012年2月日本札

---

① 任娟. 从几个作品看西方旧建筑改造的新趋势[J]. 哈尔滨工业大学学报(社会科学版). 2010（1）：21.

幌冰雪节雪上展出高三米的雪MIku雕像突然倒塌，并且砸伤了在附近欣赏的游客，雕像倒塌的原因是因为当时札幌地区的气温比往年要高2到3摄氏度。

公共艺术建设如火如荼，却频频给社会造成如此多的问题，不能不令人深思。这其中既有公共艺术创作者由于自身知识不够全面而在创作过程中对作品建成后容易出现的问题认识不足；也有公共艺术作品管理者疏于对作品的管理与维护，对年久失修的作品置之不理等原因；其中一个更为重要的原因在于全民公共艺术设施安全教育缺失导致的意识不足、认识不清。

二、如何预防公共艺术作品酿造社会悲剧

城市公共艺术的建立是在城市管理者的许可或规划之下，理应得到城市的保护。随着城市的发展，越来越多的雕像出现在公园和街头，对公共艺术重建设、轻管理成为城市普遍存在的问题。人为原因、自然因素和雕像自身存在的问题，都会给城市居民带来安全隐患，如何预防公共艺术酿造社会灾害已经成为城市管理中亟待重视的问题。

其一，严格把关公共艺术创作者的资质，在初稿阶段对作品建成后有可能带来的安全问题要准确地分析与判断。对于公共艺术作品建设过程要严格审查，防止小问题酿成大灾难。其二，政府管理部门应加强后续管理，建立监管机制，定期检查监管。尤其要拿出具体方案对年久失修的公共艺术品定期修复，对于有倒塌征兆的公共艺术品要予以及时拆除。其三，应加强宣传，提高民众的文明意识和对雕塑的责任意识。公共艺术作品属于公共财产，损坏变卖公共财产应予以追责，给不法分子以震慑。民众们应承担保护城市公共艺术的义务和责任，不仅做到自己保护爱护公共艺术作品，更要对伸向城市公共艺术作品的恶手勇于举报和制止，让不文明现象如过街老鼠人人喊"打"。

三、小结

公共艺术作品酿造的社会悲剧之所以日益频繁，关键还是人们对公共设施安全的严重忽视，是安全意识的不足才导致了悲剧的发生。试想，如果公共设施的安全排查都落到了实处，常态化安全维护落到了实处，还会出现砸死人的安全事故吗？墨菲定律说，只要存在可能，事故就一定会发生。城市需要美丽的公共艺术，更需要安全的公共设施，而这需要不断强化的公共安全意识和常态化的安全维护打底。如今，伴随经济社会发展，广场雕塑、巨型广告牌遍地开花，安全管理必须要跟上，相关维护更要跟上，不能一建了之，留下无穷后患。

另外，让孩子们免于无妄之灾，需要家长尽心守护，也需要城市建设更加

贴心，不留安全漏洞。无论是一座雕塑、一眼喷泉，还是一截断枝、一湾积水，都既可能成就孩子的一响欢乐，也可能瞬间酿成悲剧。公共安全必须抓紧、抓细、抓实，不能等出了事故后，再来倒逼责任追究。

第七节　城市交通环境中的公共艺术设计

20世纪90年代，随着我国社会经济的长足发展以及城市化进程的加快，公共艺术被运用于城市建设的方方面面，步入了快速发展的新时期。一个重要的标志是，公共艺术广泛而深入地介入城市公共交通领域，承担起丰富和充实城市文化的责任，成为展示城市文化的一面旗帜。

一、公共艺术介入城市交通的意义

公共交通作为城市公共空间的延伸，本身就是一种人类审美与认知的空间。公交、地铁等不仅是交通工具，作为城市化发展到一定程度的标志，它更是城市文化与内涵的展示平台，对于塑造城市形象具有重要作用。因此，当代城市公共交通系统的设计与建造，已不再只是方便乘客遮晒躲雨、候车歇息及满足于履行城市公共运输职能的简单设置，还承担起城市公共意识传达、城市文化水准展现、大众审美心理参与、审美趣味导向、市民生活环境改善与美化等诸多社会功能。同时，从创意设计的视觉形象角度来看，还是展示城市精神面貌的艺术标签。从艺术实践的角度来看，但凡重视文化的国家和城市，大都把公共交通作为展示文化形象的窗口，而要实现这种城市文化个性的展示，公共艺术是一种现实可行的选择。

从世界范围来看，世界各主要国家和城市的地铁，都有着自己的特点，其中通过公共艺术的创作来展现地铁形象、反映地铁文化的历史传统与现代诉求、表现现代人对于公共环境的理解，是一种通用的形式。设计者基于这种理解而表达出一定的个性，这一个性也就更多地体现了当地地域文化的特质。例如，在巴黎罗丹博物馆所在地VAENNE车站，竖立着罗丹的巴尔扎克和思想者雕塑，而在巴士底车站，则贴满了关于攻占巴士底监狱的图片并陈列了一些历史文物。北京地铁国家图书馆站的主题为"书的海洋"，壁画以书籍的演化为主要表现元素，着重体现了国图四宝：赵城金藏、敦煌古卷、永乐大典、四库全书。圆明园站以代表性的圆明园建筑（西洋楼）残柱为背景，以御题"圆明园四十景"文字形式为内容，加上建园、毁园、烧园三个历史年号，形成形象、文字、符号等造型语言和历史要素结合的现代空间构成形式，给人铭刻于心的视觉心理作用。其文化元素体现了这个城市甚至国家的文化精神，深深影响着每一个经过这里的人。

二、城市交通中公共艺术创作应有的价值取向

1. 现代城市交通所需要的功能价值

在交通环境中，公共艺术的审美要为交通功能服务。在具体的运用上，要对公共交通中的具体元素如汽车车身、道路指示牌、安全指示标牌、公交站台、地铁空间等的设计较多地考虑色彩、空间、造型等艺术因素为乘客带来便利的视觉识别感受和出行舒适感。如国内一些城市出租车车身色彩设计改变了以往的蓝、黄、红等色调，换之运用粉绿的颜色装饰，充分考虑车与公路的色彩协调性，也让乘客更容易识别。

对公共交通中具体元素色彩、造型的艺术化设计还能起到诱导性和安全性的作用，如城市道路识别标牌采用古典造型，使用城市的主打色调进行设计，极好地暗示了城市的特点与风格。安全警示标牌多运用蓝色、红色与白色相间使用，能加强行人、司机对安全感的心理暗示，使司机谨慎驾车，行人谨慎过马路。

2. 艺术内涵的市民倾向

公共艺术是公众的产物，公共艺术的实施是调动市民大众参与自身生活环境建设和社会公共生活的重要方式，是培养市民大众关注自身文化生活品质和人格素养的自我教育手段。公共艺术对公共交通环境的介入不仅是营造赏心悦目的流动空间，更重要的是为了使市民公众对自身所处环境形态及内涵产生认同和喜爱。如广佛地铁列车涂鸦让人仿佛走进海底世界，彩色鱼儿、鸭子、青蛙就在你脚下"游弋""活蹦乱跳"，海浪阵阵"打湿"脚面，清凉冰爽。沈阳铁路2号线开通沈阳历史专列，以沈阳近百年发展的人物、事件为主题进行车厢设计，呈现出浓厚的历史情结。在北京，地铁一号线的车厢被梵高的经典油画装饰铺满，加上犹如火焰般摇曳的向日葵地毯，每一位匆匆而过的路人，都能在流动的画廊中接受艺术的洗礼，来一场致敬大师的非凡旅程。公共交通的文化传递通过公共艺术得以实现，展示了文化个性和城市个性，其艺术内涵被公众广泛接受，艺术品和公众之间实现了交流与对话。公共艺术绝非个人行为，从事公共艺术创作的艺术家必须努力在个人的创意与公众的意愿之间寻找契合点，进而创造出既有艺术性又有公共性的作品。在公共艺术的实施中，艺术内涵的市民倾向和公众参与将成为当代文化语境的主要趋向和潮流。

3. 艺术表现的审美价值

城市公共交通中的艺术创作毫无疑问属于艺术范畴，艺术化了的环境是具

有审美价值的。作为公众性表现最为集中的城市交通环境中，公共艺术创作势必对公众产生广泛意义上的潜移默化的作用。优秀的创作必将通过高水平的设计元素来影响或引导市民的审美，而市民的理性参与使审美活动深化，通过艺术审美过程，市民完成自我实现，成为审美主体，获得精神愉悦和满足，形成一种自觉的理性力量。此外，环境与人之间的对话可以对人起到一定的教化作用，通过这种教化作用提高市民文明状况，促进市民个人素质和社会整体素质的提高，社会文明的提高也会彰显公共艺术的社会价值。

在大审美经济时代，公众自身的审美要求越来越高，引导公众形成正确的审美观念成为公共艺术设计必须面对的课题之一，特别是在多元文化面前培养正确的审美观念，对于提高市民审美水平，重塑主流审美价值观具有深远意义。

4. 自然和谐的价值取向

中国传统文化中的"天人合一"思想一直都是艺术设计者遵循的重要理念，目前所倡导的绿色设计着重考虑产品环境属性并将其作为设计目标，在满足环境目标要求的同时，保证产品应有的功能、使用寿命、质量等。绿色设计的理念越来越多地融入到交通设施中，设计师注重对自然的演绎，选用木头、石材作为公交车站台指示牌的材料，将铁艺指示牌涂刷成绿色，这些都是亲近自然最简单的形式。设计者必须了解空间需要与空间条件的关系，认识人们对环境设施的合理需求，考虑站台在空间环境中的效果，确立整体的环境观念，才能够表现自然和谐的价值。在设计上，更多提倡延长寿命的设计，不但在材料和布局上坚固耐用，不会因时间流逝而失去光彩，而且更具个性，能成为未来的经典，这是城市交通公共艺术价值的最好体现。

必须强调的是，交通资源与公共艺术的结合是建立在当代性和创造性基点上的文化追求，绝不是提倡简单、平庸地把地方文化中旧有的素材原型和文化符号贴附在公共艺术作品上。

城市公共交通是为满足城市大多数居民、特别是低收入者基本出行需求而由政府组织提供的一种公共服务。公交体现了现代城市文明及政府为民服务的一种宗旨，良好的交通可以促进城市的发展，而拥堵的交通只能制约城市的发展。合理的站台设计是优化交通环境的重要因素，它包括安全性、艺术性、舒适性、公众性、地域性、科学性和文化性的全面设计。如何充分分析和利用这些因素来改善交通环境是公共艺术家与交通职能部门都应积极思考的问题。研究公共艺术与城市公交站台设计的关系，为政府相关职能部门提供一个参考依据，对改善城市生活环境、交通环境起到积极、正面的作用。

第八节　公共艺术理念在城市公交站台设计中的运用

随着城市交通建设的快速发展，对城市公交站台设计与建设已经不再只是简单地满足于履行城市公共运输职能，在艺术思潮已经深入大众文化的今天，城市公交站台的设计和建设更应该作为一种城市公共艺术品承担起除交通职能以外的包括城市文化展现、公共意识传达、环境美化等多项社会职能。从某种意义上来说，现代城市公交站台的设计与建设必须成为展示城市精神面貌的艺术标签。综观目前国内的城市公交站台设计，能将艺术性和公共性完美结合的作品还远远不够。本节从当前城市公交站台设计的"公共性"说起，探讨如何将公共艺术理念运用到站台设计当中。

一、国内城市公交站台设计存在的普遍性问题

1. 国内多数城市公交站台的设计在一定程度上缺失对"公共性"的关注

"公共性"是公共艺术存在的前提，公交站台作为公共艺术设施，它的设置场所是开放性的公共空间，设置目的在于体现特定社会环境下的公共精神和公共利益，实施方式和过程应是创作者和享用者共同参与协助，面向所有社会群体，这种公共设施应具有普遍的公共精神及社会公益性质，体现公众的实际需求。反观当下许多城市公交站台设计却普遍欠缺上述对"公共性"的关注。

① 对"公共性"的缺失体现在多数城市公交站台设计普遍只注重其作为城市公共运输职能的设计，着眼于简单、方便的设计原则，忽略了公众参与候车的心理感受、生活习惯、实际需求（比如旅客与站台之间的交互设计）与站台之间的关系。

② 对"公共性"的缺失体现在多数城市公交站台设计缺乏对城市文化，或者大众文化的展现。

③ 对"公共性"的缺失还体现在多数站台设计单纯从空间造型、颜色搭配角度来解决审美问题，忽略了对大众心理需求的深层次考虑，缺少通过艺术表现对公众心理产生正确诱导方式的关注。

④ 公共艺术存在的理想状态不仅是作为纯粹的精神与艺术表现，也不是为了纯粹的视觉观赏需要而存在，而是能使公共环境更加具有"场所感""地方感""亲和感"或"历史感"，并在这些方面具有视觉信息传达的效用，更多地服务于市民。从这一点出发，作为具有公共属性的公交站台设计要实现"公共性"，就必须实现公众参与设计讨论，体现社会公众的真实愿望与市民情结，全面满足公众的出行需要，切实考虑公众的候车感受，从每一个细节上重视公众

个体的差异。

2. 国内城市公交站台的"艺术性"不足

当下许多国内城市公交站台在设计上偏离了"艺术性"的原则。

① 站台设计仅着眼于城市公共运输职能，过于简单的适用功能设计，忽略了公众参与候车时的心理感受、生活习惯、视觉元素与多元需求因素。

② 站台设计缺乏历史文化内涵与时代感。公共交通作为城市公共空间的延伸，为人们提供了认知、出行、欣赏的空间。公交不仅是交通工具作为城市发展的物化成果，同时也是一个国家科学技术与设计艺术发展的成果，向公众近距离展示城市历史文化提供了平台。

③ 缺乏审美价值，无法引导公众产生良好的视觉体验并持续关注。多数站台设计单纯从建筑的空间造型、颜色搭配等角度来解决一般装饰结构问题，忽略了利用艺术语言对受众候车心理作正确引导。如什么样的色彩、造型能真正给受众带来轻松舒适的候车感受、出行感受和视觉体验。站台的色彩、造型如何与周边环境建筑的色调和造型和谐一致以及站台的色彩和造型如何正确引导受众乘车、候车等。

④ 缺乏亲和感。站台艺术设计的理想状态，不仅能给公众带来美好的视觉体验，而且能使公共环境更加具有"场所感""地方感""亲和感"和"历史感"，因此，具有典型公益性公交站台设计，更具有视觉信息传达的效应，服务于广大市民。

基于以上设计问题的分析与结论，现代城市公交站台设计要实现"艺术性"必须把握这样一个前提，即设计者要实行设计调查与设计讨论，在深入研究城市历史文化、经济基础建设及应用艺术设计等状况的基础上，广泛吸取社会各方面的建议与意见，兼顾公众的愿望和市民的城市情结，从普遍性中发掘并归纳出有代表性的主流意识和有价值的设计元素，设计出既有内涵、又具个性与典型艺术特色的现代城市公交站台建设方案。

3. 城市公交站台"社会公益性"不够

现代城市公交站台的设计，受实用性与公益性原则的限定或指导，因此，在研究历史与现状、经济与文化、科学与技术、个别与普遍的基础上进行设计实践时，要有典型性的主题取向。国内城市公交站台设计在这方面做得还不够，主要体现在四个方面：一是少有体现公众文化趋同取向的设计，二是少有体现人居环境舒适感取向的设计，三是少有体现科学技术应用取向的设计，四是少有体现人对自然亲近取向的设计。

体现公共性和公益性的主题设计取向，可趋于多样化。诸如历史精神的高标、文明成果的昭显、文物特色的张扬、风情风俗的展现以及社会现实问题的提示与关注等，都可作为公交站台设计的主题元素。我国城市公交站台的建设应从"社会公益性"层面着手，大力提倡"公益"在设计中应用。

二、公共艺术理念如何涉入现代城市公交站台设计

1. 借鉴和采用多种艺术表现风格

艺术史上的写实主义、浪漫主义、古典主义、现代主义、波普艺术、洛可可等艺术风格，都对公共艺术的创作与发展提供了借鉴意义。公交站台作为城市中的公共建筑，在色彩、造型上彰显出特有的艺术个性与艺术形式，体现出一定的艺术水准和艺术风格，使公众在审美亲近中获得视觉享受。

2. 民族民间艺术形式的采用

城市公交站台形式美设计，要拓宽设计思维领域，还可融合民族民间的艺术式样。当然在主题与内容上可发掘文化与物质资源，如北京地铁国家图书馆公交站，将中华民族馆藏的文化瑰宝以公共艺术的形式直接呈现给世人；其他如皮影、剪纸、民族绘画、民间工艺、民族服饰等艺术也未尝不可借鉴；湖南的湖湘文化、官窑文化、湘绣艺术、饮食文化、旅游资源亦颇具特色。在设计造型上，也可以对民间建筑装饰艺术特色加以运用，使公交站台的形式美更具地方特色和多样化。

3. 从民意中吸收养分

作为公众使用的公用设施在进行艺术设计之初应征求民意，广泛听取当地居民意见，将市民对公交站的各种需求和构想融入设计中。这样的设计作品才能既体现大众文化，又能符合公众个体的实际需求。

4. 包含城市公共文化或者市民艺术、大众艺术的内容。

公众艺术、市民艺术能体现一个城市独有的文化特色，直接展现了这个城市区域中市民的精神面貌、生活风格和文化艺术观念。

5. 站台设计还应体现前沿科学技术。

这一点国外的车站设计已走在了前列。2008年在法国巴黎建成的LED公交站，车站内外的乘客可以通过里面的小屏幕和外面6英尺高的屏幕互动，实现了人与站台的交互式关系。

三、长沙市公交站台公共艺术设计

1. 长沙市公交站台现状与存在的问题

客观来看，多年来长沙市内创建的大多数公交站台设计大多毫无个性和特点，无法很好地体现公共性和艺术性，更缺少体现湖南多元文化或者湖湘传统

文化的经典作品。此外，长沙市的公交站台设计存在设置不合理、欠缺科学规划、市民乘车不方便、安全隐患较突出等问题。

　　从笔者调研情况来看，长沙市主干交通要道上的公交站台以下问题突出：如一些道路站台是露天的，挡雨棚太短，不能起到遮阳挡雨的作用。多数公交站台指示牌设计和摆放不合理，有些指示牌要站在公交道上看，直接影响公交车的停靠和乘客的安全。另外，一些站台没有合适的候车棚，没有配置有效的报警求援系统、节能照明系统、合适数量的舒适座椅、安全的护栏、环保的供能设备，无疑给市民出行乘车造成了诸多不便，也是对城市形象的直接损害，如图3-16所示。

2. 长沙市公交站台的设计设想与建设

　　长沙有上千年的悠久历史，作为其城市文化名片的公交站台设计首先应关注湖湘文化内容。湖湘文化历史悠久，有丰富的文化资源和物资资

图3-16　长沙市公共交通站台样式

源，可作为公交站台设计的素材。其次，站台设计应体现长沙人的市民文化和生活习性，将市民文化植入到公交站设计中，湖南的陶瓷文化、湘绣文化、饮食文化、民间艺术等都可拿来使用，富有中国风意味的民间剪纸艺术同样可以使用在公交站设计中，成为展示湖湘民间文化的窗口。（图3-17）。

　　另外，从设计语言本身来看，站台设计还应充分利用艺术表现手段，对站台的色彩、造型等要素进行设计，实现人与自然的亲切感，显现出站台的特色与个性魅力。在设计站台的色彩与造型时还应考虑结合周围环境，强调和谐、统一的气氛营造，造型和色彩亦可大胆借鉴各种艺术流派的风格，体现多元文化的价值观。如巴西的curitiba车站，浓郁的黑色在周围红和灰白的衬托下显得

图3-17　湖南民间剪纸艺术

格外醒目和舒适，站台圆形玻璃材质的使用与周边楼房的方形相得益彰，现代而时尚，并充满神秘感，明显受未来主义风格影响。

互联网时代，未来长沙公交站台建设还应多植入前沿科技。如公交站台配置有效的监控系统和报警系统，加强安全性管理。站台由于人多拥挤一旦发生偷盗案件或其他突发情况，能迅速地通过系统报警。公交站台的雨棚由开放式设计转向半封闭式或封闭式设计，使用节能环保的材料起到遮风挡雨的作用，同时解决候车椅弄脏弄湿的问题。针对不同季节采用不同的自动降温或取暖设施，最大限度地给市民带来方便。夏天，公交站内有良好的隔热功能，顶棚安装小水管，可通过自动喷雾系统降低温度(如世博园内的喷雾系统)，冬天，雨棚封闭可起来，采用太阳能的方式提供暖气，为市民营造更便利、舒适的出行环境。

第九节　高校校园环境中的公共艺术建设

高校校园环境中的公共艺术因其所处的特殊场所——大学校园空间中而呈现出有别于一般意义上的公共艺术。首先，它的主要受众是当代大学生。大学生群体有别于商业居住空间中广义上的"公众"，这一群体的个体之间有着各种各样的千丝万缕的联系，这使得他们之间在年龄、文化、价值观、生活方式、生活态度等方面既存在广泛共性又有个性。高校校园环境中的公共艺术应符合大学生社会化的需要与自我确定的需要，并引导他们解决学习、生活中的实际问题，如目前大学生学习、生活中普遍存在的无目的性、无计划性问题，价值观扭曲问题，学习积极性不高、创造意识不强等问题。其次，高校校园中的公共艺术对于传播学校精神文化理念至关重要。要让身处校园中的每一个学生对自己的学校产生浓厚的存在感和认同感，就需要将包括校园行为文化、地域文化、大众文化在内的多元文化与校园公共艺术紧密结合，通过公共艺术形式凸显校园的场所精神。最后，大学校园的公共艺术是对课堂知识进行隐性教育的最佳载体，是学生除课堂外进行再学习、再受教的学习平台，因此校园公共艺术还应与学科知识紧密结合，以实现"信息—知识—智能"的转换为主要目的，完成由信息传达到知识接受再到智能创造的引导过程。

高校校园环境中公共艺术的建设是近年来高校建设面临的重大课题，笔者对近年来部分高校校园建设公共艺术的情况进行了研究，发现了一些亟待解决的问题，在此基础上对校园中公共艺术构建的原则与方法提出自己的浅见。

一、规划长远、布局明确、个性鲜明、重点突出

高校校园公共艺术植根于深厚的校园文化，吸收社会多元文化的精华，在当代高校校园建设的大潮中栉风沐雨地成长。另一方面，受到决策阶层的影响，目前许多高校校园公共艺术建设被边缘化，主要体现在这些高校在公共艺术建设上毫无规划和布局，公共艺术品造型设计及其色彩美学欠缺，公共建筑的过渡性空间繁杂无序，公共艺术品与空间环境格格不入等方面。同时，许多高校校园建设上常盲目照搬、抄袭公共艺术形式，导致在题材、形式、内容上出现大量雷同，丧失了大学环境自身应有的个性和特色。一个最常见的案例是：一些高校的校园环境中，图书馆或者行政大楼前都布局了一些相同的历史文化名人或者科学巨匠雕塑，希望借此来提升校园文化形象，但是这些雕塑本身并不代表学校的个性文化和特色文化，导致我们走进这些高校内部时总是对环境产生一种似曾相识的感受，并由此对这些高校的文化底蕴产生了质疑。

还有一些公共艺术由于选用材料与尺度的考究不够细致，导致建成品与理想状态差距较大。如公共休息椅，由于材质的选择随意性大，建成后冬天冰冷无人坐，夏天被阳光晒得滚烫也不敢坐，最后成为一件只能观赏的"艺术品"；又如草地上的音乐雕塑，设计成各种小动物、小植物造型，本是陶冶情操的艺术品，由于材料与尺度考虑不周，往往在使用一段时间后不能再发挥其本来的功能，不是音乐播放不了，就是因放置位置不当，使得造型与色泽发生变化，失去其作为艺术品的价值。

要纠正校园公共艺术建设中存在的以上问题，就应对其进行长远有序规

划，确定好每个阶段建设的目的与任务，建设初期要对公共艺术建设项目进行全面调研、评估，避免建成后结果与初衷不一致，从而造成大量人力、物力、财力和公共空间资源的浪费。前期还要充分考虑公共艺术品的材质、尺度是否符合建成后的效果，充分考虑其形式和内容是否协调一致。建设过程中随着时间推移和校园环境的变化，对校园公共艺术应有相应的调整和改变，做到风格鲜明，重点突出，感受持久。在校园公共艺术的布局上，从性质上应有明确的区域划分，比如生态景观艺术、声光电等新型科技艺术、游戏娱乐艺术等不同性质的公共艺术形式最好能分开布局，在各自的区域内形成独特的艺术现象。

二、大学生课堂外获取知识的重要平台

大学校园中的公共艺术形式是大学生不可或缺的精神食粮，是对大学生进行隐性教育的最佳载体。美国哈佛大学教育学教授霍华德·加德纳（Howard Gardner）于1983年提出多元智能理论（Theory of Multiple Intelligences）。该理论认为，通过适当的艺术教育可以促使每一种智能开发到更高的水平，每一种思维都能导向艺术思维的结果，即表现智能每一种形式的符号都能（虽不一定必须）按照美学方式排列。"多元智能理论"以开发学生多元智力为前提，从全面提高学生综合素质着手，把艺术教育的育人价值放到很高的位置。对此，北京邮电大学钟义信教授所著《"信息—知识—智能"——生态意义下的知识内涵与度量》《论"信息—知识—智能转换规律"》等文章也从不同角度分析了艺术品传达的信息在知识和智能间转换的规律。

事实上，通过多次对学生的访谈得知，大学生在学习的过程中，在课堂外所掌握的知识远远要超过课堂中所学到的，环境中存在的隐性知识对大学生的成长起着关键作用。

针对这种情况，大学校园环境中的公共艺术建设应充分考虑校园中学生既是单个个体的同时，在学习、生活、思想上又是有着密切关联的群体这种特殊性。在公共艺术建设中，紧密结合高校的学科特点，让学科知识隐于公共艺术品中，以此加深学生对知识的全面理解和掌握。英国莱斯特大学（University of Leicester ISC）校园中由艺术家设计的公共艺术与课程结合的场景以形象思维的方式加深了学生对知识的实践掌握，中国美术学院学生参与制作的校园公共艺术墙将课程中学到的点线面元素运用到了实践中。在一些高校的计算机学院附近的环境中我们可以经常看到大量与前沿科技有关的数码艺术品，它们大多与计算机知识有关，能产生思考、与人互动。而在物理、化学学院的空间环境

中，各种结合了数理化知识的艺术品的设置，让学生通过切身体验与感受思考更深层次的学科知识。

三、师生参与研讨

当前高校校园环境建设中的一个突出问题是整个设计、策划、建设过程由少数领导说了算或由投资者、管理者独自决定方案，师生难以参与到公共艺术方案的决断中去建议、选择或批评，直接导致了校园公共艺术一定程度上的意识形态化和个人喜好倾向。决策阶层的话语垄断客观上造成了目前高校公共艺术建设滞后，发展不迅速。高校校园公共艺术设计、建设、评估都应面向校园师生召开听证会，以师生建议为重要参考。在建设过程中还应有一定比例的师生全程参与，将师生的实际需求考虑进来，体现师生的诉求。

四、多元文化与传统文化共存

每一所高校都有特别的历史文化沉淀，学校文化是在学校的发展中，由历代师生员工在教育、科研、生活过程中共同创造的文化特性，如历史传统，办学理念，教育理念，行为习惯等。在新校区建设或旧校区改造过程中，应注意传统文化的保护，通过公共艺术的形式得以展现、传承或发扬。我们注意到，在当今一些高校校园改造过程中，规划者与建设者注重对校园内新的视觉形象、艺术设施的设计与改造，力图将所有的旧貌变新颜，完全忽视了老校区环境中原有艺术品长期以来形成的场所感和人文氛围积淀，导致了校园传统文化的丧失。更为可惜的是，因为越来越多新艺术形式的涌现，本应在高校文化中展示的代表中国传统文化精神的元素符号在当下的高校校园建设中也逐渐丧失。

实施中国传统文化教育是中国每一所大学的责任，校园生态艺术是进行中国传统文化隐性教育的重要窗口。高校校园生态艺术建设包括园林建设、建筑、景观建设等。良好的生态艺术使校园环境对于学校师生犹如鸟之于栖巢那样自然，东方的古典园林艺术以其特有的精致、典雅、多姿的诗性审美空间为大学生营造一个诗性学习生活空间，这个空间应该有着博大的人文关怀，良好的自然生态，深厚的历史文化积淀。[①]中国美术学院王澍教授对于中国美术学院象山校区的生态艺术设计，将校园公共艺术推到了一个崭新的高度。南方民居中常见的砖、瓦、檐、竹、木，让王澍的建筑充满了江南的灵性。整个象山校区的建筑，片片鳞瓦，铺陈栉比；重重密檐，错落有致。王澍说，做瓦檐的时

---

① 陈顺强. 诗性住区公共空间的设计分析 [J]. 华中建筑，2010．6．

候，一直在想象学生们从窗外看着雨水从瓦檐上滴落的浪漫场景。另外，瓦檐还有着奇妙的实用价值。瓦片间充满了交叠出的缝隙，这是天然的空调机，夏天的时候，风从缝隙间吹出来，自然地形成习习凉风；而冬天，这些缝隙又会对风力形成调节。

除了传统文化，校园多元文化还包括大众文化、校园所在地域文化以及校园人群的行为文化等。大学生群体即将从求学者转变成为社会工作者，因此，在高校校园环境中展示社会生活的各种文化现象是必要的。大众文化所指的是当下大众的消费娱乐方式及态度以及这种方式下所展示的一切文化现象。[1]大众文化是现实社会生活中的时尚文化、前沿文化、多元文化的统称，伴随着现代人生活的方方面面。校园公共艺术对大众文化的展示和传达满足了大学生群体成长过程中心理与生理的现实需求，为当代大学生在高雅文化与流行文化之间建立了良好的沟通渠道。

校园的行为文化是指学校在创造精神文化的实践中体现出来的有规律、有特征的教育教学活动。包括师生生活方式与习惯、学校运行管理行为风格、环境氛围、行为风格与约定行为准则等。行为文化是学校精神文明建设的基础保障，通过公共艺术的方式展示学校的行为文化，时刻提醒师生在行为准则上与学校的精神保持一致，加深了师生对校园精神的内在理解。

校园所在地域的文化对校园建设有着重要影响，大学校园环境建设离不开校园所在地域的文化脉络。大学校园是城市环境的重要组成部分，校园公共艺术本身又反映了一定的地域文化与审美趋势，校园公共艺术展示与浓郁的地方文化、地方美学有机统一是地域文化向外传播的重要渠道。[2]

五、注重科技元素的植入

大学校园是科技创新的前沿重地，高校校园中的公共艺术建设应注重科学手段与艺术形式的结合，极大激发学生的创造力和想象力。目前，很多高校由于受资金投入所限制或决策者的思维局限，公共艺术品的科技投入普遍较少，科技利用率不高。

数字化公共艺术能极大地拓展学生的思维，开阔学生的心智，提升学生的创造力，在一定程度上为大学生的生活提供了娱乐、游戏、学习等更多可能，

---

① 翁剑青. 公共艺术属于"大众文化"吗？——兼谈公共艺术与多元文化状态的关系 [J]. 雕塑，2010．8.

② 高雅. 以学校文化为导向的校园公共艺术建设研究 [D]. 合肥工业大学，2010．5.

与科技相结合的校园公共艺术以全新的视觉感受、心理感受、身体感受影响当代大学生。现代科技的发展带动了艺术创作向多元发展，丰富了公共艺术的形式和内容。数字化艺术形式如动力与光艺术、声音艺术、影像艺术等越来越多地涉入生活，这些艺术形态区别于传统的观赏性艺术形式，真正意义上实现了艺术与人的互动交流，实现了艺术在时空中的传输。[①]

大学校园环境中越来越需要更多的数字化艺术参与。可以预见的是，在科技与艺术的完美结合下，具有交互性能、体验性能的公共艺术将成为校园公共艺术建设的主流形式，这将使大学校园中的公共艺术不断超越传统的艺术范畴，呈现出新的艺术生命力！

---

① 田喜. 新媒体与互动艺术 [J]. 当代艺术，2011.1.

第四章　资源信息库研究篇

基于"互联网+"模式的公共艺术资源信息库建设主要解决三个方面的问题，一是公共艺术信息渠道问题；二是公共艺术内容产品的多方位、多层次、多样化问题；三是服务问题，并在此基础上实现引领模式的多样化。强调真实、广泛、庞大的数据资源积累是该库的核心，为艺术家、市民、政府职能部门等群体服务是该库的目的，不断开发数据的查询、检索、分析预测功能以及实现数据抓取、智能服务功能是该库实现引领模式的主要手段。

公共艺术资源信息库希望通过数字化技术实现信息的交流、融合、转换，通过互联网让社会更多更方便地了解新时代的公共艺术面貌以及对未来城市公共艺术建设需求作出判断。

第一节　大数据与公共艺术话语权

公共艺术话语权的主体究竟是谁？谁拥有对城市公共艺术的建设决策与效果评价的权力？这个问题显而易见。周成璐认为："与城市公共艺术相关的公众话语权指的是公众在公共艺术的策划、内容、形式、放置的地理位置以及对艺术家的选择等方面具有的参与权、选择权、决策权和否决权。"①一直以来，公共艺术在当代中国的发展相对缓慢，难以满足急速发展的城市化进程需要。究其原因，传统意义上的公共艺术表现形式较为单一，大多承载宗教、政治、文化等种种沉重的使命，与公众现实需求严重脱节，而且在立项、创作、传播等过程中缺乏公众的深度参与。

当代公共艺术目标早已转向关注市民公众的公共参与和社会对话过程，它在审美文化之外还肩负着当代启蒙和社会批判的职责。一个完整的公共艺术过程，需要艺术家与公众共同参与才能实现，公众以参与者的身份推动"公共艺术事件"的自然发生。长期以来，绝大多数的公共艺术创作过程缺乏公众的广泛参与，不少公共艺术品或者公共艺术活动仍然是艺术家"自娱自乐"的艺术表现，公众话语权得不到充分体现。公众话语权虽然是公共艺术诸多话语权中

---

① 周成璐. 公共艺术的社会学研究[D]. 上海：上海大学，2010：187.

最弱的一项权力，但却是决定公共艺术是否能称之为真正的公共艺术的具有决定权的一项话语权力。随着数据分析与处理技术突飞猛进的发展，特别是大数据技术的出现，当今社会公共话语形态发生了细微而显著的变化。总体上看，大数据时代的公众公共艺术话语权更为开放、民主，范围更加广泛，不再是艺术家或政府机构向公众的线性传播，更多呈现出公众积极参与的、离散性的互动。一方面，艺术家、政府机构有了更多公众话语平台和传播渠道；另一方面，公众也获得相对便捷的表达艺术意见的机会。公众话语形态的变化也给我们带来了诸多新课题，如大数据思维是否契合了公众公共艺术话语权的转变，大数据技术对公共艺术的影响等，都是当今社会普遍关注的热点，值得到我们重新审视与思考。

一、公众话语权：大数据时代公共艺术核心价值的体现

从时间开端到2003年，人类世界共计产生了大约 5 艾字节的数据。[①]如今，人们每天都生产同样数量的数据。我们自觉不自觉地变成了大数据生产机器。种种迹象表明，人类社会正急速地被推入大数据时代。有鉴于此，许多有识之士都急切呼吁要热情拥抱"大数据时代"。随着大数据时代的来临，人类社会的生产、生活、工作和思维方式诸多方面都将面临一场大变革。2011年全球知名咨询公司麦肯锡在题为《Big Data：The Next Frontier for Innovation，Competition and Productivity》的研究报告中指出，大数据已经渗透到每一个行业和业务职能领域，逐渐成为重要的生产因素。[②]在公共艺术领域，不论是作为对城市公共艺术作品进行意见表达的普通公众，或是从事城市公共艺术创作的艺术家，还是城市公共艺术管理部门的管理者，人们正在越来越频繁地以不同方式接触到大数据。目前，大数据应用不仅是科技界的研发重点和政府的战略规划，而且已经日益显现出相对于公共艺术的研究价值。大数据时代的到来不仅使数据分析日益成为公共艺术研究的重要范式，更促进了公共艺术研究思维从个性到共性、由微观到宏观、由因果性向关联性的转变。以大数据思维来看待世界，思考社会和艺术生活已成为每个艺术工作者必须面对的转变。在这样的时代背景下，公众话语权的价值正伴随着学术界对公共艺术公共性的概念、现象认识的深化，逐步显现出来。

---

① 黄鸣奋. 大数据时代的艺术研究[J]. 徐州工程学院学报（社会科学版），2013（6）：83.
② James Manyika，Michael Chu：Big Data: The Next Frontier for Innovation，Competition and Productivity，McKinsey Quarterly，No. 5，2011，p. 27-30.

事实上艺术的公共性问题在中国的文化语境里并不陌生，毛主席早在1942年5月延安文艺座谈会上的讲话就指出："就是我们的文艺工作者的思想感情和工农兵大众的思想感情打成一片。而要打成一片，就应当认真学习群众的语言……那么，什么是人民大众呢？最广大的人民，占全人口百分之九十以上的人民，是工人、农民、兵士和城市小资产阶级。"由此不难判断，从抗日战争时期至今，新中国的文艺早已将艺术的公共性作为对文化艺术价值判断的一种集体无意识，蕴于中国社会政治现实的历史血液之中。新世纪伊始，关于公共艺术的探讨多数将中国的公共艺术现实置于世界范围的后现代主义艺术思潮之下，探讨中国社会巨大变迁之上的文艺思想和西方泊来的种种现代艺术观念之间的共鸣合流。公共艺术所必备的公共性可以在历史发展的进程中得以体现，经过时间的沉淀，无形中呈现出共同的民族文化认同，体现出人的现世价值。大数据时代，一个成熟的公民社会正在逐步形成，当代艺术更加注重艺术的公共性问题，公众广泛参与公共艺术事件成为必然的趋势。在传承与创新并重的时代，学者们对公共艺术提出了新的愿望和主张，现归纳如表4-1。

表4-1　五种公共艺术新主张

研究者与时间	具体论述
苏珊·雷西（1995）	那些关心公众，向公众挑战，涉及公众和征询公众意见的艺术作品。它们是一些为群众而作，或和群众一起创造的结果。这些作品对所涉及的社区和环境也予以尊重
徐松明（2004）	一个真正好的公共艺术，要能针对公有建筑物的使用特性，与居民产生互动与融合，是"亲入"而非"侵入"一个公共空间，"在地意识"的全球化，公共艺术正朝向"制造在地记忆"、"凝聚在地共识"等公共性目标努力
马钦忠（2008）	公共生活中的公共艺术是让市民以艺术的眼光理解生活，以生活的体验去丰富、提升自己的精神的自主性，让我们日常生活中总是驻留着一个意义启示物。让城市的空间意象的生成变为个体颂扬自己的角色和自我价值（自由心境）的实现
何兆基（2008）	公共艺术不单是摆放在公众地方的艺术品，透过公众不同形式的参与，往往能呈现一时一地的人文素质与生活情状，并在更深层面反映大众对生存环境的关注。在一些公共艺术发展相对成熟的地方，人们亦对自身公民身份有较强的自觉。通过公共艺术的不断讨论、实践以致争议，它同时展现一个公民社会的进化过程

续表

研究者与时间	具体论述
周成璐（2010）	真正意义上的公共艺术是由艺术家和公众共同创作和完成的艺术作品或进行的艺术活动，同时还包括其他一些参与者……需要跨学科、跨专业的交流，经过多方人员的共同策划、论证、立项、设计，最后才得以实施的

上述论述反映出学界对公众参与公共艺术持一种积极肯定的态度。公共艺术已由强调对公共空间视觉呈现逐渐转向其社会意义的实现，即借助公众对待公共事务的态度立场和审美意识，依靠多方力量共同完成对本土文化、政治、历史、事件、生活的艺术表达。倘若缺少了公众参与这一核心环节，公共艺术的"公共性"也就无从体现，与城市建设中的"公共空间艺术"别无二致，公共艺术对公众审美价值的召唤也必将流于形式。

"公共艺术的前提是公共性，在一个连基本说话的权利都受到限制的社会，在公众表达自己的观点和意愿都不能得到保障的社会，是没有公共艺术可言的。"[1]可见，公共艺术的公共性具有一种艺术平等的特质，具体而言，依据公众的意愿来选择公共艺术所要表现的内容、方式以及选择艺术家，或者是艺术家与公众保持畅通的交流和沟通，在公共艺术的创作活动中准确把握与表达公众的意愿。两者的核心是在公共艺术的创作活动必须充分体现公众的话语权，以表达公众的意愿。从这个意义上讲，保障公众参与的重要权力——公众公共艺术话语权也就成为了公共艺术核心价值的体现。

二、平等与契合：大数据对公众公共艺术话语权的影响

探讨大数据对公众公共艺术话语权的影响需要从话语权的基本属性入手。法国学者米歇尔·福柯最早提出话语权概念，他认为，话语即权利，公众通过话语赋予自己以管理公共事务的权力，并使之成为一种斗争的武器，"在每个社会，话语的生产是同时受一定的数量程序的控制、选择、组织和重新分配的。这些程序的作用在于消除话语的力量和危险，控制其偶发事件，避开其沉重而可怕的物质性。"[2]福柯的论述揭示了话语权的社会功能和人际关系的本质。法国

① 孙振华. 公共艺术时代[M]. 南京：江苏美术出版社，2003：157.

② 米歇尔·福轲. 话语的秩序 [C]. 许宝强，袁伟. 语言与翻译的政治. 北京：中央编译出版社，2011.

学者皮埃尔·布迪厄更进一步指出："哪怕是最简单的语言交流，也涉及被授予特定社会权威的言说者与在不同程度上认可这一权威的听众（以及他们分别所属的群体）之间结构复杂、枝节蔓生的历史性权利关系网。"①德国学者哈贝马斯提出话语权是人们围绕公共事务展开自由、平等的辩论与商讨并最终达成某种共识。由此不难看出，话语权不仅是单纯的"能说"，更意味着有权利说。在公共艺术领域，公众是公共艺术创作的审美对象，也是公共艺术事件的参与者和监督者，同时还是公共艺术话语权的重要主体之一，他们有权利在公共艺术决策过程中掌握一定形式的话语权。在公共艺术事件中话语权不仅是政府控制舆论、主导话语的体现，又是艺术家影响他人、调控社会的一种权利，更是公众表达意见、诉求利益、自我实现的一项基本权利。话语权的本质属性是人人都有发表意见的基本权利，这与公民的生存权、发展权一样，具有不可出让与不可剥夺性。②

　　在公共艺术领域，话语权体现出一种艺术平等的属性，随着大数据的崛起，公共艺术的创作与审美呈现出一种多元互动的格局。公众与艺术家可以平等参与艺术创作，公众可以随时随地借助大数据技术通过网络平台，以跟帖、转帖、点赞、转发作品、发表评论等形式在艺术活动中展示受众的话语权，从而将艺术家的创作活动置于公众审美意见的影响之下，传统的个体创作转化以艺术家为起点、公众集体创作的过程。在这个过程中，艺术家从创作的主体，到作为艺术品的第一个审美者，再到逐渐关注公众的感受、根据公众的审美意见调整自己的创作，最后经由大数据分析实现艺术家与公众之间的创作交互；公众不再是以往沉默的"大多数"，而成为对艺术创作有着积极建构的主体。大数据快捷、平等和自由的特性，使得艺术家和公众之间的互动前所未有。艺术家的修养培养着公众的审美，公众的审美塑造着艺术家的创作思维。大数据时代的公共艺术创作使得艺术家与公众之间存在极大的相互影响。

　　具体到公共艺术领域，"大数据"就是对网络环境下公众各种网络行为所产生的数据（公众话语）进行搜集整理、归纳分析，最后将结果运用到对公众未来审美情趣和公共艺术作品创作的预测上。公众话语可以在数据化基础上，通过大数据技术分析出数据与数据之间内在的关联性，进而预测出公众对公共艺术作品的审美需求。大数据可以在保证数据完整性的同时，找寻到隐藏在数据背

---

① 布迪厄，华康德. 实践与反思［M］. 李猛译. 北京：中央编译出版社，1998.
② 赵泽洪，兰庆庆. 公共管理中的话语权冲突与重构[J]. 重庆大学学报(社会科学版). 2014(6)：174.

后主体需要的数据价值。大数据对公众话语权的影响体现在两个层面：第一个层面是公众对公共艺术作品的评价和审美意见可以通过网络反馈给艺术家，从而促使其修改作品的内容和形式；第二个层面是大数据通过汇集公众在网络上浏览公共艺术作品过程之中所产生的数据，比如多少公众浏览某个作品时停留了多长时间，哪些公众对作品中的哪些创意感兴趣等，随后通过大数据分析，寻找到公众的真正审美需求，从而为艺术家创作提供依据。因此，从这种意义上说，大数据契合了艺术家与公众之间的审美意识。大数据时代，公众与艺术家之间的这种审美契合是通过数据的理性分析达成的，它试图通过公众与艺术家共同的审美意识在数据分析基础上构建人类的普遍性审美。

三、批判与重构：大数据思维给公共艺术话语权带来的思考

公众公共艺术话语权的大数据分析为我们带来三个方面的思考：一是大数据推动了公众话语权的建构与表达，然而存在彻底数据化的公众话语权吗？公众公共艺术话语权与大数据思维融合的真正重要意义又体现在哪里？二是公众公共艺术话语权遭遇大数据思维之后，是否预示着以数据分析为主要研究方法的实证研究会对公共艺术领域的研究产生决定性影响？如果不是，还有哪些方面是大数据不能涉及和完成的？三是当我们将公众的大数据分析结果引入公共艺术创作过程之后，公共艺术在题材选取、艺术形式和表达方式等方面是否走向绝对迎合公众的境地？如果是的话，艺术家的意义何在？他们又将采取迎合还是引领的姿态呢？

首先，如果公众的话语表达发生在网络上，就可以在充分数据化的基础上进行大数据分析。大数据自诞生之日起，就迅速与人类生活的各个领域产生了关联。"大数据时代的经济学、政治学、社会学和许多科学门类都会发生巨大甚至本质的变化和发展，进而影响人类的价值系统、知识体系和生活方式。哲学史上争论不休的世界可知论和不可知论都将转变为实证科学中的具体问题。"[①] 此种趋势的产生源于大数据将所有网络行为数据化的能力，比如在采集公众话语过程之中，借助大数据可以轻松采集到艺术家和公众的数量、年龄分布、地域跨度、经济发展状况、受教育程度、审美习惯、题材等。进而可以分析出：何种题材的艺术品公众最容易接受？同一题材中，哪位艺术家的作品公众关注

①［英］维克托·迈尔·舍恩伯格、肯尼思·库克耶，盛杨燕，周涛译. 大数据时代[M]. 杭州：浙江人民出版社，2013年，17页.

度最高？公共艺术品摆放在何种空间中最能让人接受？景区、交通场所、商业区域还是教育空间？这些都可以通过公众的意见表达和浏览行为数据化后反馈给艺术家，从而对艺术品的创作产生影响。需要指出的是，虽然大数据能通过收集公众话语表达对公共艺术的创作产生重要影响，但不论大数据技术如何发达，绝对客观的真实性其实在数据采集之初就不存在。大数据虽然能客观地反映现实情况，但任何数据都是建立在人的主观倾向性的基础上，它永远无法摆脱这种与生俱来的主观性。艺术家所看到的都是经过他人"过滤"和"沉淀"过的带有主观色彩的数据。

同时，大数据除了让人文领域的成果与经济效益直接产生关联之外，它的最重要意义其实是在思维层面。"大数据开启了一次重大的时代转型。就像望远镜让我们能够感受宇宙，显微镜让我们能够观测微生物一样，大数据正在改变我们的生活以及理解世界的方式，成为新发明新服务的源泉，而更多的改变正蓄势待发。"①大数据的出现改变了人类过往所经历的一切，其中最重要的是从改变人类的思维开始，并带来全新的"大数据思维"。"所谓大数据思维，是指一种意识，认为公开的数据一旦处理得当就能为千百万人急需解决的问题提供答案。"②思维意识的变革，带来的是人类看待事物的角度、方式和方法的转变，并由此对人类行为产生影响。当我们正视艺术学研究的"短板"现象和"问题意识"薄弱之时，我们发现不断产生"问题"的时代自身也是我们亟待关注的"问题"。③无论是解决时代的"问题"还是应对"问题"的时代，我们都必须关注"大数据时代"的思维转变。

20世纪60、70年代，当理查德·塞拉、莱维特以及波普艺术家等开始将雕塑搬出陈列室，引向室外公共空间，城市公共艺术便以一种跨界的姿态转化并超越自身。波普艺术家们对旧模式和局限的突破，开启了当代城市公共艺术探索的新时代。但在研究方法与艺术思维上，这些城市公共艺术的先行者们并没有实现实质性的突破。流转至今，时代已发生巨大的变化，公共艺术已不仅是艺术家的艺术，更是公众的艺术。蕴含于公共艺术现象背后的复杂关联超乎现象，解决与应对这一时代的"问题"，必须关注"思维转变"。"大数据"数量大，来源杂、非结构性强，通常我们只能用概率给出预测以参考而并无法给出

①［英］维克托·迈尔·舍恩伯格，肯尼斯·库克耶．周涛译．大数据时代[M]．杭州：浙江人民出版社，2013：142．
②［英］维克托·迈尔·舍恩伯格，肯尼斯·库克耶．盛杨燕，周涛译．大数据时代[M]．杭州：浙江人民出版社，2013：167．
③于平．大数据时代的艺术学对策研究[J]．艺术百家．2013（9）：8．

精准的判断，无疑这就要求我们日益增强数据分析能力，预测与掌控未来，因而，大数据时代的研究焦点在未来而非过去。如舍恩伯格所言："有了大数据后，人们会认识到：其实很多追因溯果的行为都是白费力气，都是没有根据的幻想，会让思维走进死胡同。如果转而把注意力放在寻找关联性上，即使不能找到事物发生的原因，也能发现促使事物发生的现象和趋势，而这就足够了。"舍弃"因果"寻找"关联"，在"关联"中把握趋势是大数据时代的"主旋律"。艺术思维是人的思维，长久以来，人类追求事物真与美的天性，决定了人类在审美过程中以"找寻因果缘由"为终级思维。但在大数据时代追求"因果"的努力往往是徒劳，借由数据分析来探寻事物之间的关联性，将帮助我们更好地理解与认识城市公共艺术世界。这是一种全新的思维取向，从分析事物间种种关联、潜关联、或貌似不关联的"关联性"入手，探求在传统公共艺术研究中被忽视的复杂关系，而不再拘泥于"现实世界"的真相。这正是大数据时代公共艺术研究所应有的思维形式。

其次，公共艺术的学术研究与公共艺术的大数据研究不能混为一谈，二者之间最大的差异在于采用的研究方法不同，而任何的研究方法都有一定的适用范围。19世纪，与大数据思维一脉相承的实证主义就曾提出，表象本身才是具有研究确定性的对象，对象背后所谓的本质是并不存在的。实证主义"反对追求绝对的知识，它停止去探求宇宙的起源和目的，拒绝认识诸现象的原因，只专心致志地去发现这些现象的规律，换言之，去发现各种现象的承续与类似的关系"。实证主义将研究重点放在怎么样（how）而不研究为什么（why）的主张与大数据思维追求关联性而放弃对因果关系探究极为相似。虽然公共艺术作为公共空间的艺术形式具有强烈的主观情感色彩，但是对公共艺术的研究在某些场合是可以采用实证主义的方法，比如对公众意见的分析处理、对艺术品传播状况的研究等。实证主义强调从研究对象着手，在取得大量资料的基础上，再进行分析论证，这样的研究思路对于拓展公共艺术研究视野是有益的。但如果实证精神进入美学意义的范围，艺术的灵魂、精神和审美就只能淹没在理性主义的严谨与权威之下。运用大数据思维进行公共艺术公众话语权的实证主义需把握好理性与感性的边界，将研究范围限定在公共艺术的外围，即对公众意见的表达效果进行分析，预测公共艺术发展趋势，提供什么样的艺术品为公众所能接受等。而对公共艺术研究本身就不能采取技术式的路线，应当是美学式的。就其艺术品格而言，公共艺术的研究依然需进行深层的价值审视，引导公众由表层的感官刺激向感受人类的终极意义和终极关怀转变。

最后，大数据强化了公众公共艺术话语权，那么是否意味着公共艺术创作就必须迎合大众的审美意识呢？以大数据反馈的公众话语为依据，艺术家可以在创作的某个阶段通过技术手段调整创作的内容和风格，从而形成一种艺术家与公众之间的意见平衡机制。公众的意见须经过艺术家的"去噪"与"过滤"后以一种合乎艺术创作规律的姿态进入艺术创作过程，这其中艺术家对公众意见的合理引导就成为必不可少的环节，强调公众话语权并不意味着艺术家创作主导地位的缺失。事实上，艺术史上许多伟大的艺术家都是通过创作出优秀的作品，用以培养公众的审美趣味，让公众感受艺术的意义，领悟存在的价值，从而引导公众思考人生的意义。公共艺术作品需要公众感受力的调动和理解力的参与，从作品之中体会到的除了"艺术之美"外，还有深邃的思想与精神层面的愉悦。大数据时代的公共艺术植根于众生喧哗的媒介之中，艺术家创作风格的多元存在和公众审美情趣的离散式分布本就是一对难以调和的矛盾。大数据带给公众以表达的自由和平等，从而极大的调动公众的参与兴趣，使得公共艺术生长在包容、宽松的环境之中，这是公共艺术之幸。然而，如果我们单纯用公众需求来衡量公共艺术，公共艺术无疑将会走向"浅薄"，留下的将只是短暂的、不能激发任何智性思考和审美挑战的作品。

四、小结

当下中国，公民意识普遍增强，公共艺术需要通过公众自身话语的表达来建构一个有利于其自身发展的公共领域。大数据的出现，使得公众话语权得以提升的同时，极大地加强了公众参与公共艺术事务的深度与广度，实现了公共艺术领域内不同角色的协商沟通。但是，这并不意味着公众可以随便发言，公众在行使话语权时，必须要有足够的审美能力，因为公众的意见将影响到艺术家对作品创作效果的预期。因此，在公共艺术中，需要的是有价值、有意义、建设性的意见。要使公共艺术处于一个良好的发展轨道，使公众真正受益，还需要公众审美素质的提高，引导公众从群体的利益出发来看待公共艺术问题，致力于提升整个公共艺术话语空间的质量。

第二节 大数据背景下公共艺术研究的思维转向与意见重构

海外有机构统计，目前全球每秒钟发送290万封电子邮件，每天Twitter上发布5000万条消息，Youtube上传视频2.88万小时。目前大数据仍在以每18个月全球信息总量翻一番的速度膨胀。据计算，一年互联网流通的数据若刻成光盘连成一线，长度是地球到月亮距离的5倍，如果印刷成书铺在地面，大小足足可以铺满52个美国。

我们每个人都是一台大数据生产机器，人类社会正急速地进入大数据时代，人们的生产、生活、工作和思维方式都将面临变革。目前，大数据应用不仅是科技界的研发重点和政府的战略规划，而且已经日益显现出相对于城市公共艺术的研究价值。例如，在宏观层面，搜索技术可以帮助人们从大数据中把握国家城市公共艺术政策动态与发展趋势；在中观层面，可以运用数据工具分析城市公共艺术发展趋势，揭示隐藏于城市公共艺术现象背后的各种规律；在微观层面，可以对城市公共艺术作品进行精密分析、每个艺术用户进行追踪研究等。在公共艺术领域，无论普通公众、艺术家，还是公共艺术管理者，都在以不同方式接触到大数据。大数据时代的到来不仅使数据分析日益成为城市公共艺术研究的重要范式，更促进了城市公共艺术研究思维从个性到共性、由微观到宏观、由因果性向关联性的转变。大数据思维是每个艺术工作者必须面对的转变。

一、思维转向：大数据对公共艺术领域的影响

《大数据时代》是国外大数据系统研究的先河之作，作者维克托·迈尔·舍恩伯格被誉为"大数据时代的预言家"。他在书中富有前瞻性地指出，大数据带来的信息风暴正在变革我们的生活、工作和思维，大数据开启了一次重大的时代转型。维克托认为它具有四个特点：数据体量巨大、数据类型繁多、价值密度低、商业价值高、处理速度快。

大数据带来了时代转型，改变了人们的生活以及理解世界的方式，其中最重要的是带来全新的大数据思维：数据一旦处理得当就能为千百万人急需解决的问题提供答案。

在大数据时代，借由数据分析来探寻事物之间的关联性，将帮助我们更好地理解与认识城市公共艺术世界。这是一种全新的思维取向，从分析事物间种种关联、潜关联、或貌似不关联的"关联性"入手，探求在传统城市公共艺术研究中被忽视的复杂关系，而不再拘泥于"现实世界"的真相。这正是大数据时代城市公共艺术研究所应有的思维形式。

二、现实挑战：大数据背景下公共艺术领域面临的关键问题

大数据应用于城市公共艺术领域的过程实际上是以云存储、云计算为代表的新技术与传统分析挖掘技术的融合，以实现城市公共艺术信息的高度整合，

发掘隐藏于复杂艺术现象背后客观艺术规律的过程。相较于传统的"架上艺术"，城市公共艺术有关注世俗、平等交流和公开讨论的要求，艺术家如何把握世俗观点是进行城市公共艺术创作的前提与关键。就这个角度而言，大数据应用将开创一种包含新技术、新理念、新实践的城市公共艺术实践新模式。

1. 如何以多元开放的业务流程，实现城市公共艺术数据的实时、准实时处理

数据的实时、准实时处理是体现大数据应用价值的重要方面，随着城市公共艺术事业的逐步推进，数据在量上出现几何式增长，加之数据格式的多样化导致数据存储、处理和挖掘等变得异常困难。解决方法之一就是在构建大数据库时优先考虑分布式存储和计算的框架模式。需要指出的是这种框架对业务流程的处理能力和灵活性提出了较高要求，毕竟大数据的价值依赖于数据处理与分析的快速与准确性。

2. 如何全方位多角度汇聚各方信息，体现个性化的城市公共艺术信息表达诉求

"公共艺术的前提是公共性，在一个连基本说话的权利都受到限制的社会，在公众表达自己的观点和意愿都不能得到保障的社会，是没有公共艺术可言的。"[1]可见，城市公共艺术的发展需要有多方意见的参与。大数据的出现为公众话语权的实现提供了一种可靠的路径，即城市公共艺术可以借助大数据分析来实现它的公共性。多方意见汇聚于大数据平台，进而形成多种来源的稀疏数据，从中通过挖掘算法进行数据分析，建立多维的统一视图，才可以全方位、多角度、准确地给城市公共艺术数据打上价值标签，为以公众意见为中心的个性化、差异化服务提供基础，实现精确有效的价值分析与城市公共艺术数据价值的二次提升。同时，城市公共艺术领域中的多元价值取向，使得城市公共艺术信息处理领域逐步得到拓展，决定了大数据处理需要跨行业、跨领域的数据来源，其最终结果也需要以简单明了的方式在多方之间共享和完善，帮助各方在城市公共艺术实践中打造共同的审美价值理念。

3. 如何在整个城市公共艺术数据链中分析结果，从无序的海量数据中得出科学结论

大数据技术的意义不在于掌握海量的数据信息，而在于对这些数据进行专业化处理与分析，关键在于提高对数据的加工能力，通过加工实现数据的增

---

① 孙振华. 公共艺术时代[M]. 南京：江苏美术出版社，2003：157.

值。①研究机构Gartner认为"大数据是需要新处理模式才能具有更强的决策力、洞察发现力和流程优化能力的海量、高增长率和多样化的信息资产"。大数据将对数据的观察与总结引入城市公共艺术研究领域，不同于传统艺术研究中依靠对个别艺术现象及作品的观察与评价就可以获得对现实的描述，而需要从海量的数据中反复的提炼、挖掘，在深度分析的基础上得出科学结论。在这样的逻辑下，现代城市公共艺术研究将会产生海量的数据，如何分析这些数据就成为我国城市公共艺术信息资源库在应用领域中面临的巨大挑战。

三、应用场景：一个实证研究

过去的城市公共艺术研究大多以个案为主，强调对艺术家的创作构思、观念语境等的思考与探寻，缺乏对城市公共艺术共性在时代脉络上的梳理与思考。大数据的出现给了我们从公共艺术现状出发，观察城市公共艺术历史发展趋势的契机。在此，我们以《我国城市公共艺术信息资源库》中收录的城市公共艺术作品为基础，从中随机抽取1736件作品作为研究样本，范围涵盖北京、上海、广东、安徽、福建、湖南、江苏等十余省市。在样本选取时，兼顾考虑地域、材质、空间的不同分布情况，以保证数据的有效性。通过对这些样本在大数据层面的分析，我们可以在一定程度上了解我国城市公共艺术发展的现状。

1. 雕塑是我国城市公共艺术的主要表现形式

所选样本中以雕塑为表现形式的作品有1689件，占总数97.3%，其中1999年以后的雕塑作品为1285件，占总数74%。说明传统雕塑作为一种古老的艺术表现形式，依然为公众和艺术家所青睐，在可以预见的很长一段时间内，雕塑仍将是我国城市公共艺术的主要表现形式。

2. 公共艺术品的日常管理维护问题

从创作材质来看，石材最多，为928件，占53.3%；金属其次，450件，占25.9%。作为一种公共空间中的艺术形式，艺术家更多的希望艺术品能永久流传，所以在创作过程中会优先考虑选取坚固、耐用，保存时间长的材质；而不易保存的木材、树脂与纤维和易损的陶瓷材质所占比例较小（表4-2）。值得一提的是，从样品中我们发现，大量石材与金属材料制作的城市公共艺术品在经过长时间的风吹日晒、人为破坏后，已失去原有的艺术性与观赏性，相反成为破坏环境美感的"累赘"（图4-1）。这一发现表明城市公共艺术品的日常管理维

---

① 毕建新等. 面向科学大数据的云计算平台构建研究——以东南大学为例. 现代教育技术[J]. 2013(10)：72.

护与退出机制的建立已成为摆在城市管理者面前不可回避的问题。

表4-2 不同材质城市公共艺术品在样本中的分布情况

材质 数量/比例	金属	石材	木材	陶瓷	树脂	纤维	综合	新媒体
数量/件	450	928	47	52	19	20	204	16
比例/%	25.9	53.3	2.7	3	1.1	1.2	11.8	1

图4-1　经过岁月洗礼后的城市公共艺术品

3. 公共艺术品的空间布局

在西方，有一些公认的公共艺术品空间布局方式标准：场地应有较高的步行人流量，属于城市步行系统的一部分。[①]换句话说，城市公共艺术品在某区域放置的数量与该区域步行人流量成正向关联，采样数据也明确反映了步行人流量越大的区域越应该放置城市公共艺术品这一事实。从城市公共艺术品所处区域看，景区步行人流量大，所以放置数量最多，为818件，占47.1%；社区其次，为474件，占27.3%；商业与教育区域居后，分别为238和123件，占13.7%和7.1%；交通区域人流量虽大，但步行的人少，所以城市公共艺术品放置最少，仅83件，占4.8%。

4. 公共艺术品的放置区域与材质选择

数据显示，艺术家对材质的选择与城市公共艺术品放置的区域存在关联。以石材为例，主要集中于景区与社区两种区域内，分别为487件与278件，占52.3%与30%，教育、商业与交通则相对较少，其他材质除新媒体材料外也呈现出这种分布状况（表4-3）。新媒体材质分布情况有些特殊，在商业区域中分布较多，计9件作品，占到了56.3%。另外，在一些新建区域，尤其是商业区与公共广场，出现了一些体现多元文化价值观的新公共装置艺术形式，这些装置艺

---

① 周刚等. 公共艺术品社会价值的实证调研—杭州案例[J]. 装饰，2012（12）：123.

术品在材质选择上呈现多样化趋势，主动融入科技元素，具有极强的视觉冲击力，代表了未来商业空间中城市公共艺术的新常态，相信未来体现城市公共艺术新思维的作品将更多地在商业区域内出现。

表4-3 不同材质城市公共艺术品在不同区域中的分布情况

材质（件）＼区域	商业	教育	景区	社区	交通
金属	70	8	232	117	23
石材	98	22	487	278	43
木材	5	3	21	16	2
陶瓷	6	7	20	18	1
树脂	2	3	7	5	2
纤维	4	2	8	6	0
综合材料	12	8	97	71	16
新媒体	9	3	1	2	3

四、话语重构：公共艺术话语交流的新阐释

从上面的分析中，可以简单了解大数据技术对于公共艺术领域的影响与意义，其实，大数据之于公共艺术领域的根本意义在于促成了一个新的合作式的公众意见交流模式，实现公众在网络化、信息化的社会中对新的公共艺术信息的积极诉求。

1. 大数据时代的公共艺术意见交流

公共艺术有关注世俗、平等交流和公开讨论的要求，与大数据时代的平等、开放、交互、匿名具有很大的一致性，由此，我们将公共艺术话语权置于大时代背景下来思考讨论就具有了逻辑上的契合点。公共艺术的公共性就在于它赋予了公众讨论评价艺术创作的权利，换句话说提升了公众的话语权，因此公共艺术的出现使得艺术逐渐回归其原始的领域即公开讨论和理性批判。大数据时代开创了一种向多数人开放的、具有批判性的新领域，"在这个公共领域中，像公共意见这样的事物能够形成。"在这样的空间中，公共意见来源并非单纯的个人喜好，而是个体对公共艺术事务的关注和公开讨论，进而形成代表公众普遍利益的共识，对公共艺术活动进行民主控制，实现公众艺术话语权最大化。

从20世纪70年代以来，基于计算机技术和信息通讯技术的技术革命一直影响着人类社会、经济、文化等多方面的发展。以信息处理能力和新型通讯方式为标志的"信息化网络社会"已然形成。信息时代的技术创新包含信息编辑与管理、生产，超越因距离、时间、成本而产生的信息表达与传递障碍等。这些技术创新

不仅推动了经济的快速增长，同时也在不断推动社会空间和社会机构的嬗变。在网络化的社会背景下，信息技术深度介入人际交流已经成为影响人际交互、社会互动效率的重要因素，同时也带来了诸如知识创造与共享，社会群体网络，社会控制动员等方面新的研究课题。从社会发展角度看，大数据已不再是一个简单的信息处理与通信技术，更是新信息产生、交流、互动的空间。这些信息的交流、汇聚深刻改变了网络联络下的个体与集体行为，推动着新信息时代下社会结构的变革。面对这样的演变，公共艺术研究者应当顺应时代发展的要求，以新的眼光审视对信息技术的理解和应用，以求从中获取新的创作依据与灵感。

2. 大数据对公共艺术意见表达的重塑与创新

大数据对公共艺术发展的直接影响，在于新技术极大扩展了公共艺术创作与欣赏、交互过程中艺术家与公众表达意见的领域。大数据时代中的公共艺术，能借助技术手段挖掘多种意见类型和表达、传递多样意见。多元思维的参与和融入，细化了艺术家对公共艺术作品的理解，提高了公共艺术创作与欣赏活动的影响力度和深度。具体来说，公共艺术意见的扩展体现为两点：一是个体艺术审美意见的肯定；二是集体创作价值的发掘。一方面，个体意识中存在自觉或不自觉的艺术审美行为，这种能力是个体在不断积累生活实践经验的基础上形成的自我未能觉察的默认理解审美意识。这一意见类型的肯定和被尊重，使得个人审美成为当前公共艺术活动体系中的重要组成部分。换一个角度，在多元的后现代社会中，个性审美意见被逐渐肯定，个体独特的认识结构和生活体验将成为公共艺术创作灵感的重要来源。而大数据技术的出现给个体艺术审美意见的表达与传递提供了便利条件，从而使个体认知中独特的、有价值的审美理解和判断得以被艺术家感知与发掘，并通过交流和协作汇集到集体创作之中。在当代公共艺术领域，不同专业人员正逐步融入艺术创作，各种公众参与意见也逐渐得到重视与采纳，大数据的介入恰逢其时，顺应了这一趋势。另一方面，为了在一个主张个性张扬的后现代社会中维持、发展一个有序的城市公共艺术发展空间，集体创作、意见沟通和协调在公共艺术活动中需要引起足够的重视。多元意见群体参与对话、交流、合作、协调成为公共艺术创作中整合意见、达成共识的重要途径。而在此过程中，技术的发展推动跨地域、跨机构的公共信息平台建设逐渐成熟，网络通信技术的发展给多方交流提供了便捷的信息交流工具，技术革新对形成有效的对话与合作起着重要的推动作用。[①]

需要指出的是，随着多元价值介入公共艺术领域，公众意见交流领域逐步

得到拓展，公共艺术实践逐渐呈现出协商与妥协并存的特征，一个以交流、协作为特征的公共艺术实践新范式正逐渐形成。交流、协作式范式的根本意图在于协调现代化向后现代化转变过程中所产生的多元价值冲突，以交流、协作的集体行为方式解决各方利益间的问题争议。英尼斯（Innes）和布赫（Booher）的研究指出，在构建共识的过程中，对话、研讨、网络建立是产生合作的主要方法，而合作的成功关键在于能否吸引广泛的参与者以及促成参与者之间平等、有效的双向信息交流。新的公共艺术交流范式核心是公共艺术意见（公众、艺术家、管理机构）的表达、共享、交换，保证对话、研讨、网络建立合作行为的实现。实现这种交流和协作模式的前提在于一个公众交流平台的建立。同时还需强调的是各群体完整的意见表达是多方参与合作的重要条件，不管公共艺术家、决策者还是公众，都应该具备对其所参与的公共艺术问题基本的理解以及适应其自身能力的表达途径和工具，这是产生有效率交流的前提。

五、小结

大数据应用于城市公共艺术领域，将赋予城市公共艺术在一个数据量大、增长迅速、非结构化、知识发现颇为不易的时代中寻求思维转变与创新机会。舍弃"因果"、寻找"关联"与发现"趋势"之间相互联系、彼此促进，成为当前城市公共艺术实践中一个不可逆转的趋势。文中所叙述的我国城市公共艺术信息资源库，旨在利用大数据的规模性、多样性、价值性、实时性特点，实现对城市公共艺术发展趋势的精准预测，为城市公共艺术的研究与发展提供一种全新的策略与路径。这一思路伴随着正在研究中的2013年国家社科基金艺术学项目《我国城市公共艺术信息资源库建设与应用研究》的始终。未来，我们将秉承这一理念，积极面对复杂的城市公共艺术实践过程中将遇到的问题和挑战，为我国城市公共艺术的研究与发展贡献绵薄之力。

第三节 网络环境下我国城市公共艺术信息整合建库研究

20世纪80年代初，城市壁画热、城市雕塑、公共壁画、环境艺术、景观艺术取得长足发展，与之相对应的是，我国公共艺术理论研究的大片领域还处于近乎空白的境地，艺术实践已远远领先于理论研究。如何整合现有实践成果，以开放的视角来审视公共艺术发生、发展的规律成为公共艺术研究领域亟待解决的问题。

在此，将与公共艺术相关的作品、人物、著作等视为一种记录有公共艺术知识的载体，即公共艺术文献。"公共艺术知识"是公共艺术文献的核心内容，包括显性的色彩、造型等以及隐性的表达内容与精神内涵等；"载体"是公共艺术知识赖以保存的物质外壳，即可供记录知识的人工附着物。在这样的视角下，以文献学与知识工程的研究方法、技术路线来构建公共艺术信息资源库，并以此为"抓手"来实现研究公共艺术的目的。同时，伴随着网络与多媒体技术的广泛应用，对于公共艺术文献的收集、整理和保存方式正向着数字化收录与检索方向发展。这就迫切要求对公共艺术文献的认知不能停留在传统文献的角度上，要更进一步结合信息技术来建设一套科学高效的资源信息收录、检索与管理系统。如何顺应时代的要求，收集、记录、整理各省各地区的公共文化艺术资源，对公共艺术研究资源进行科学、系统地保存与管理，梳理我国公共艺术的历史流变、理论视域以及实践活动的重要成果，为公共艺术学研究提供一套系统、可靠、翔实的基础研究资料，是当代公共艺术科研者、爱好者与管理者应有的担当和亟需研究的课题。

一、我国城市公共艺术信息资源库构建内容

1. 设计思路

我国城市公共艺术信息整合建库的首要任务在于收集国内公共艺术的相关成果，对我国公共艺术发展的情况进行普查。依据内容的不同，收集的公共艺术数据包括三种类型：一是公共艺术理论研究成果，可细分为公共艺术基础理论研究、公共艺术发展史、公共艺术作品评论（即艺术批评）；二是与公共艺术事业相关的特种文献，其中又可分为政府部门制定的方针政策、知识产权及专利文献、公共艺术会议及活动文献、公共艺术品标准文献；三是公共艺术作品及公共艺术家个人信息及作品信息。在此基础上，建库的总体设计思路确立为在信息规整的基础上形成具备收录与检索功能的公共艺术文献检索系统，为公共艺术项目的决策部门、实施者与公众等提供全面的信息查询平台。秉承以"网络为基础、资源为核心、可持续应用为目标、服务为特征"的建设目标，将国内现有的各类信息资源，包括公共艺术发展案例、表现媒介、理论成果、政策法规等收集、整理，以资源库形式展现，通过网络方式传播和应用。

2. 建库内容

① 理论层面包括我国城市公共艺术发展过程中的优秀案例分析研究、我国城市公共艺术发展思潮研究、地域性研究、公共艺术表现媒介研究、我国较发达城市公共艺术问题及其对策研究、我国中小城市公共艺术建设的调查、我国

城市公共艺术对公众的影响、城市公共艺术品的管理与维护、我国地方政府的公共艺术政策与管理体制研究、城市公共艺术项目运作模式研究等。

② 实践层面以我国城市公共艺术发展为脉络，收集、整理和归类公共艺术相关的数据资料，结合国外优秀案例，研究适合我国各城市公共艺术发展的思路，为城市公共艺术的构建提供第一手资料；同时研究制订城市公共艺术信息编制标准，归纳整理出公共艺术信息元数据资料，为公共艺术信息数字资源文档化、规范化提供标准；最后设计和开发资源信息库，构建网络平台，并在实际应用中不断完善和改进，实现信息的甄别与更新。

二、我国城市公共艺术信息资源库的设计

1. 数据分类

文献检索的原理在于将检索提问标识与收录在检索工具中的标引进行匹配，经过系统运算后将命中的结果输出。[①]在构建系统之初，对数据的合理分类对于信息标识的形成，信息检索的整序（即检索途径）形成有着重要意义。主要涉及以下三种分类方式。

（1）公共艺术文献标识分类

分类参考《中国图书资料分类法》《中国人民大学图书馆分类法》和《中国档案分类法》的相关类目。索引大类标识字母借鉴《中国图书资料分类法》中艺术大类确定为"J"，分类数字为笔者设计。由于上述分类标准中不存在与公共艺术完全一致的内容，因此整个公共艺术文献标识分类体系需重新设计，以全文、题名、时间、区域、简介等字段作为检索点来反映文献内容与外部特征，建立符合检索查询要求的分类体系，分类如图4-2所示。

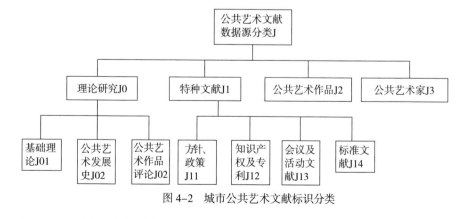

图4-2　城市公共艺术文献标识分类

---

① 杜辉华、喻心麟. 文献信息检索实用教程[M]. 大连：大连理工大学出版社，2010：55.

（2）公共艺术作品的分类

① 根据公共艺术作品所处空间分：可分为商业空间、景区、社区、教育场所、公共交通空间、政府机构。

② 根据制作公共艺术作品的材质分：任何艺术都是通过某种物质来实现和表达其艺术构思，这样的物质称为材质。公共艺术家通过材质表达情绪、赋予无生命的物质实体精神与感情力量，传达人类社会的文化、艺术和精神，材质就成为艺术品的重要分类标准。按照材质不同，公共艺术作品一般可分为：金属、石材、木材、陶瓷、树脂复合材料、纤维材料、综合材料等。

③ 从创作构思的角度分：可分为基于发现与复制的设计、基于图像表达的设计、基于几何美感的设计、基于运动的设计、基于环境的设计、基于人体工学的设计、基于情感表达的设计、基于人文思考的设计。①

（3）公共艺术家的分类

依据公共艺术家创作领域、创作方式和创作内容的不同，可分为陶瓷艺术、公共雕塑、新媒体、大地艺术、公共装置、公共景观、影像和现成品等；同时公共艺术家所在地域也可以成为一种初次检索条件，中国城市公共艺术信息资源库中将这一检索条件精确到市县级。

2. 公共艺术资源的元数据分析

"元数据"一词广泛用于各种类型信息资源的描述记录，指的是描述信息资源或数据的特征和属性的结构化数据。②公共艺术资源的元数据指的是关于公共艺术资源的内容特征、外部特征表示及管理方式等数据集特征的数据。出于构建公共艺术资源库中数据应用的需要，将公共艺术资源元数据分成以下几种。

① 公共艺术数据结构

指公共艺术资源数据集的名称、关系、字段、约束等。其中，公共艺术作品字段集为：主题、名称、作者、关键词、时间、机构、材质、位置、资金来源、空间、设计构思、简要描述、图片集、下载链接；艺术家字段集为：姓名、性别、创作领域、区域。

② 公共艺术数据部署：公共艺术数据存放于网络上的物理位置。

③ 公共艺术数据流：公共艺术数据集之间的流程非参照依赖关系，包括数据集之间映射的规则等。

---

① 王鹤. 公共艺术创意设计[M]. 天津：天津大学出版社，2013：8.

② 赵慧勤. 网络信息资源组织——Dublin Core元数据[J]. 情报科学，2001，19（4）：439-442.

④ 质量度量：公共艺术数据集上可以计算的度量。

⑤ 度量逻辑关系：公共艺术数据集中各元素度量通过逻辑运算体现出的相互关系。

⑥ 公共艺术数据集快照：某个时间点上，公共艺术数据在所有数据集上的分布情况。

⑦ 模式表元数据：事实表、维度、属性、层次等。

⑧ 表语义层：表指标的规则、过滤条件与事务名称的对应关系。

⑨ 公共艺术数据访问日志：用户访问数据的情况，包括何人访问何种数据等信息。

⑩ 审核日志：系统中上传信息资源的审核情况，包括审核时间、被审核文献、审核人及结果。

⑪ 公共艺术数据检索日志：用户检索数据的情况，含被检索数据、检索时间与检索人信息。

3. 库结构及功能分析

公共艺术是现代城市文化与城市生活形态的产物，也是城市文化与城市生活理想与激情的一种集中反映。[①]它在不同时期、不同地区、不同民族之间有着不同的表现形式和文化内涵，为了全面系统地研究公共艺术在我国的发展情况，资源库的结构从艺术家、艺术品、理论与政策、展览和资讯五个部分入手，构建五个子库（表4-4）。

表4-4 子库内容描述

艺术家	艺术品	理论与政策	展览	资讯
主要呈现有关艺术家的信息。	收录与公共艺术品相关的艺术文献。	主要呈现包括当前公共艺术领域内的相关理论成果与政策信息。	公共艺术展览、比赛模块，发布展览、比赛信息，便于组织各类公共艺术活动。	公共艺术最新发展信息，如重大公共艺术项目的招标信息、活动开展情况等。

（1）艺术家子库功能

主要收录与公共艺术家相关的概况要述、档案文件以及作品情况各个方面的一些资料，目的在于通过呈现当代艺术家的基本状况来研究公共艺术发展现

---

① 翁剑青. 城市公共艺术：一种与公众社会互动的艺术及其文化的阐释[M]. 南京：东南大学出版社. 2004.

状。此模块内容分为系统管理员创建部分与系统授权的艺术家自建部分。系统管理员负责创建艺术家基本信息，艺术家在得到系统管理员授权后可在前台对自创内容（包括作品、简介与创作情况等）输入更新，但这部分内容需要经过管理员的审核才能在前台显示。

（2）艺术品子库功能

该子库主要收录与公共艺术品相关的内容，包括与之相关的一些图片、属性等。系统管理员或具有权限人员可通过作品管理模块增加、修改和删除作品的相应信息。同时，集成系统的检索功能主要包括以下几类。

① 系统管理员授权的操作人员才能实施作品管理。

② 统计公共艺术品点击率。

③ 按材质、空间、地域进行关键词检索。

④ 前后台上传，管理员对上传信息进行审核。

（3）理论与政策子库功能

此子库主要存放国内公共艺术各个方面的理论研究成果与政策发布情况。以文献为条目，并为其撰写内容摘要与关键词等信息，形成公共艺术理论与政策子库。

（4）展览子库功能

为了能让更多的公众、艺术者能够了解当下公共艺术活动的最新动态，为此在公共艺术信息资源库内设计建立了"展览"子库，利用这个简单而开放式的发布平台，围绕着某项公共艺术竞赛、展览等活动信息展开相关研究，将是一个符合公共艺术发展趋势、利于宣传与展示公共艺术活动的选择。

（5）资讯子库功能

在保证信息真实性的前提下，将有价值的公共艺术招标信息、活动开展情况等收录入信息库。

4. 结构设计

站在系统应用的角度，公共艺术信息资源库在设计过程中采用模块化、层次化的设计思路，由用户层、应用层、资源访问层构成"库"的逻辑结构。其中，用户层是指能帮助用户完成资源获取、传递、交流的交互服务，如资源检索、下载、上传等服务；应用层制定资源的定位、检索、网页生成等互通机制，这一层包含设置用户权限、信息审核等底层服务；资源访问层处于整个体系的最底层，用于存储关于资源的描述即元数据资料，同时包括各种文字、图片等信息的子数据库，如图4-3所示。

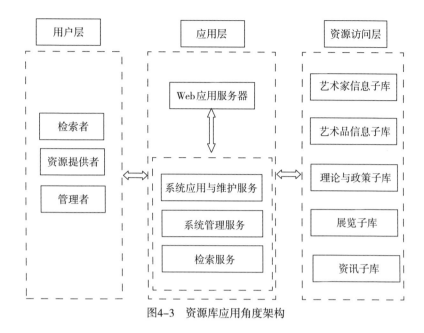

图4-3 资源库应用角度架构

同时，要保证公共艺术信息资源库平稳运行，尽力减少人为因素对系统运行的影响，资源信息管理系统需要有的良好的数据共享架构。考虑上述因素，设计资源库共享角度架构如图4-4所示。

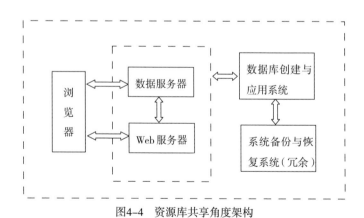

图4-4 资源库共享角度架构

5. 建站方案

考虑公共艺术信息资源库的网站未来将会是一个大型的网络数据服务应用系统，在参考当下主流建站方案的基础上，归纳出系统应具有的技术特征：一是分布式的网络体系结构；二是支持多个服务器的分布式查询和更新；三是具有良好的与异种数据库管理系统互联与转换机制。围绕这些特征，制定出

"WMA"解决方案，即"Windows Server2008操作系统+MS SQL Server 2012数据管理引擎+Asp.net程序设计语言"。其中，Windows Server2008操作系统是目前最为常用的工作平台，集成了对MS SQL Server 2012和Asp.net的支持。MS SQL Server 2012对大数据的支持也是目前最好的，为未来系统完善与发展预留了空间。而且该方案支持浏览器/服务器结构，图形用户界面（GUI）与大部分应用逻辑都是在浏览器中运行，数据库则放在服务器上。数据层与接入层的分离，避免了因数据峰值高而导致的运行速度慢、数据冲突、死机等问题，维护起来非常方便。所以，采用WMA方案对城市公共艺术信息资源库这样的系统开发来说是最佳的选择。

三、小结

我国城市公共艺术信息资源库经过一年的建设共收录公共艺术案例近3000个，文本75000字，收集相关专业论文200余篇，初步达成了资源库建设目标。同时，对资源库系统进行了严格的测试，测试的主要项目是对城市公共艺术信息资源数据库系统中数据进行增加、删除、修改和检索等操作，从中找出潜在的问题并予以纠正。测试过程中，发现资源库基本功能都能够正常实现，但也存在诸如因开发者的理解偏差造成功能不完善等问题，后经协调，这些问题得以解决。但同时必须指出的是，在资源库的设计过程中，由于种种原因，仍有许多问题没有进行深入的探讨。其中，有以下两个关键问题还需在未来的研究中进一步完善与研究。

一是资源库中收录的资源还存在分布不均衡、收录范围不够广泛等问题，这些问题都将在日后的建设中得到改进和提高。

二是资源库实现了单数据子库中记录无重复，但多个数据子库中的信息是否会有交叉？在进行多数据子库的跨库检索时，系统按照分别返回每个数据子库中信息的方式返回给用户数据，理论上存在返回结果重复的问题，对数据子库中的检索结果进行排序、去重成为下一步需要解决的问题。

第四节　整合与分析

20世纪末以来，以数字网络技术为代表的高新科技广泛应用于各个领域，信息的传播与获取方式发生了革命性的转变。巧合的是，20世纪从80年代初露端倪的城市壁画热及城市雕塑、公共壁画、装置艺术、景观艺术的广泛发展，我国公共艺术迎来了大勃兴。[①]伴随着技术变革，公共艺术信息资源的收集、整理、保存与分析方式也发生了悄然变化，传统的数据留存与资源管理模式已无法适应数字化时代的检索与分析需求，这就迫切要求我们在整合现有资源的基础上构建一套新的资源管理系统以适应新形势下公共艺术研究的需要。建设我国城市公共艺术信息资源库系统并对其应用开展研究的最初设想与动机正是基于此产生的。

一、艺术类信息资源库建设的现状分析

从理论研究来看，涉及公共艺术类资源信息库研究的理论极为稀少。不仅如此，其他同类资源信息库的文献也是凤毛麟角，散见于经济学、艺术学、管理学等领域。主要研究内容大都集中在大数据的收集、查询、分析、预测等方面，如研究艺术品估值信息系统、美术馆信息资源收集整理系统、艺术品信息资源收集整理系统等，内容比较分散，整体上缺乏运用整合的视角来思考艺术数据库的建设问题研究。

从数据库建设的技术研究来看，目前很多国外艺术类资源信息库应用NoSQL技术，利用其在处理海量数据方面的能力，提高查询和存储性能。NoSQL数据库往往与其他大数据工具同时使用，如大规模并行处理。美国华盛顿的计算机科学家Keith Wiley采用Hadoop分布式文件系统（HDFS）分布处理海量图像数据，使用MapReduce将海量图像数据按组分解成小型文件序列后再输入到系统中。他指出对于任意给定数量的数据按照这样的方式处理能将数据文件总量从10万减少到1000，明显提高了处理效率，如果在此基础上再过滤处理，速度将达到处理原始数据的70倍。Andy Connolly等致力于研究如何采用Hadoop应对一系列挑战，处理数据的重点已经从用户通过数据库操作数据的方式转移到直接操作数据的模式上来。直接管理数据的思想是直接操作文件，让数据以文件的方式存储，对这些大型文件集进行索引以获得高效的数据读写性能病满足多样化的查询需求。这种直接操作文件的方式在NoSQL中得以采用。现在多数云计算项目都是基于MapReduce模型，该模型要求数据以非关系数据库要求的格式存储，这种依赖关系说明了NoSQL的基础性地位。

在实践方面，我国艺术类数据库建设明显滞后于艺术的发展和艺术研究的现状，至今尚未出现可以全面反映我国艺术发展现状的信息资源库。即便如此，还是有几个数据库值得关注。雅昌艺术网通过建设《中国艺术品数据库》，利用现代IT科技，将珍贵艺术品的图文资料以数据的形式存储起来，已经管理着

① 季欣. 中国城市公共艺术现状及发展态势研究[J]. 大连大学学报，2010（5）：35.

2 000多张艺术品图片和与之相关的信息与数据,并以每年新增百万张图片的速度稳步增长;在完善的知识产权保护体系和应用服务支持体系的基础上,为各大文博机构、艺术品经营机构,尤其是艺术家和收藏家提供众多的数字化服务。潍坊银行2014年启动了《中国艺术金融数据库》的研究项目与建设工程,《中国艺术金融数据库》是一个包含二级市场数据和一级市场数据,结构相对完整的艺术品数据库,在中国一级市场数据占总艺术品交易数据的60%以上的现实条件下,数据来源的全面性从根本上保证了中国艺术金融数据库的权威性,为了满足艺术金融业务发展过程中对艺术品估价的需要,系统还面向客户和社会公众推出了艺术品的估价服务。

近年来兴起的文化产权交易所网站关于艺术品份额化竞价交易系统属于一种艺术品价格信息库网站,虽然此类价格交易后来被认为存在一系列法理层面的问题,但对于艺术品价格评估信息数据的收集、分析和预测研究仍然具有积极意义。另外,拍卖行和画廊建立的网站,艺术品价格信息收集主要来自艺术品的整体竞拍和售卖,如湖南艺术品联拍在线网络有限公司是基于移动互联网的艺术品竞价系统属于当前艺术品估价、竞价系统中较为先进的、科学有效的一种信息采集系统。

在公共艺术信息网站方面,中国雕塑网(http://www.diaosu.cn/)和中国公共艺术网(http://www.cpa-net.cn/)比较典型,但其不足之处在于对海量数据信息的收集处理存在较大缺陷,元数据分析较为混乱。中国雕塑网侧重于静态雕塑信息的收集以及传统雕塑艺术家作品的推荐,以传统视角来看中国雕塑艺术。作品范围包括根雕、石雕、玉雕、沙雕、陶瓷等中国式传统雕塑艺术,鲜有当代艺术观念的呈现,另外,其商业目的颇为浓厚,发布有大量的各地雕塑工厂及业务信息,使得其网页信息较为混乱。相比之下,中国公共艺术网则风格非常明显和独特,网页页面设计新颖,现代感和设计感很强,具有其他同类网站无法比拟的魅力,并且其网站内容包含学术交流模块,学术理论更新很快,并提供信息的搜索和查询,能紧跟公共艺术思潮发展的时代脉络。

上述几种艺术类数据库的设计框架与研究理论虽然能为我国城市公共艺术资源信息库的研究建设提供参考数据,但是必须看到,受制于信息资源需要持续更新,资源库的后续建设需要完善的配套体系等因素的制约,目前关于公共艺术信息数据库的建设仍处于一种尴尬的境地。建设我国城市公共艺术资源信息库,必须解决好以下问题。

1. 对元数据的明确分析

元数据一词广泛用于各种类型信息资源的描述记录,指的是描述信息资源或数据的特征和属性的结构化数据。[①]公共艺术资源的元数据是指关于公共艺术资源的内容特征、外部特征表示及管理方式等数据集特征的数据。元数据是资源库建设的核心内容，对于搭建整个资源库的内容体系有着至关重要的作用。在我国，以公共艺术为主题的资源网站较少对元数据进行明确分析。以中国公共艺术网为例，它将公共艺术作品分为广场、景观、建筑、装置与新媒体五类，在呈现作品时以图片信息为主，辅以简单的文字描述，但作品由何人创作、置于何处、何时创作等信息却未明确给出，对数据分类、引用、存储等规范或标准也缺乏明确的规定，这必然导致统一、规范的信息资源内容体系很难建立，存在案例分析缺乏深度、内容指导性差等问题，对日后平台间的合作交流也会产生阻碍。

2. 对信息检索功能的创新设计

信息检索是系统平台提供的基于数据内容或其他显著特征即元数据检索。目前，各类信息资源库大都提供具有良好可用性的检索服务板块，它能够有效地帮助浏览者更好地发现和获取数据资源。信息检索功能的好坏直接影响资源库功能以及各类基础服务的实现。但在现实中，我国公共艺术信息资源网站似乎对此功能集体保持沉默，如中国雕塑网未见检索功能模块；中国公共艺术网在首页顶部设置有简单的关键词检索区域，但在使用中发现该区域的检索功能并不能得到正确结果，是一个虚假的设置。

3. 拓宽案例来源渠道、增加重用度

目前公共艺术类信息资源库中所收录的案例主要有两种来源：一是实地采集类案例，主要由编辑人员根据网站栏目需要组织人员实地拍摄和加工而成；二是采编类案例，这一类型的案例一般需要网站管理者亲自参与公共艺术设计机构的设计实践或者深入这些机构进行实地调研、访谈与采集。由于采编类案例涉及艺术机构层面，需要网站管理者与艺术机构之间开展沟通与协调，而大多数艺术机构对于案例的采编认识存在偏差，缺乏资源共享的意识，这使得案例的采集面变得狭小，资源库只能更多地依赖实地采集类案例来丰富资源库的信息。实地采集类案例最大的缺陷就是其信息来源分布广泛，采集起来需要耗费大量的人力物力。同时，由于我国大多数艺术类信息资源库建立的时间都很短，信息资源库之间还没能形成整合资源、共同开发的机制，也没有形成相互交流、共同研讨的局面，还处于各自为战的阶段，资源的重用度低，这使得资源库的整体建设水平很难得到快速提升。

---

① 赵慧勤. 网络信息资源组织——Dublin Core元数据[J]. 情报科学，2001，（4）：62.

二、城市公共艺术信息资源库的建设构想

城市公共艺术信息资源库建设从本质而言是建设一种资源支撑型应用环境，它将把我国公共艺术资源的收藏、服务与个人结合起来，用以支持公共艺术资源从数据到信息乃至知识的转化流程。该库将从历史发展的角度将我国城市公共艺术发展过程中不同时期的公共艺术元素，以地域、材质等分类形式进行收集、整理。其涵盖的种类比较广泛，有艺术家信息、艺术作品信息、公共艺术政策、理论信息等。与其他同类信息资源库作用的相似之处在于，该库建设亦侧重于艺术数据信息的不断完善，并形成数据分析、预测，为未来我国公共艺术建设以及公共艺术相关政策的制定服务，并将目前已经建成的某些艺术学院的美术信息资源库那样集中艺术学科最前沿专业或专题的最新成果，以解决互联网上杂乱信息数量无限和用户需求有限之间的矛盾。[①]这种信息环境的作用与价值集中体现在对信息采集与检索过程的突破与创新上，尤其是研究开发的基于移动互联网的信息采集方式更是开启了同类数据库信息采集方式的先河。以此为目标，资源库库主要应该完成下列核心内容的建设。

1. 海量艺术产品及价值评估数据的智能化采集

信息采集是信息资源库建设的核心工作。在收集数据过程中采用定量与定性相结合的方法，通过统计、设计量表、分类和分析，使数据体系化，归类系统化。此外，基于移动互联网的信息采集方式也是一种选择，此种信息采集方式目前在各类信息资源库的信息采集方面属于比较前沿的一种方式。其中移动端APP可以将表单中的数据打包成JSON或XML格式的数据包，以二进制流的形式作为参数向web服务器发送http请求，也可以通过浏览器中的表单直接向web服务器发送http请求。当前，Web服务器采用MVC三层架构：表示层、控制层(或业务逻辑层)、实体层（或数据访问层），其中表示层通过网页向用户提供可操作的功能页面，业务逻辑层包括常规业务处理和大数据分析两部分，常规业务处理在线交易、审核等业务流程，大数据分析挖掘提炼价值走势、提供个性化推荐等信息，数据访问层与数据库集群进行交互。图4-5为公共艺术信息资源库总体框架构想图。

信息资源库中采集的信息种类为：一是艺术家基本信息：包括艺术家的姓名、创作领域、地域、近期作品及关于艺术家的艺术评论等（图4-6）。二是艺

---

① 古志明. 美术学院艺术资源数据库建设方案与实施[M]. 华南理工大学，2012（11）：89.

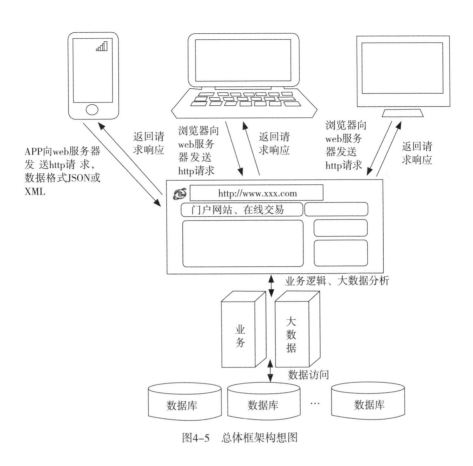

图4-5　总体框架构想图

图4-6　公共艺术资源信息界面

术品信息：收录散落于我国各地的具有代表意义的公共艺术品及其详细信息，每件作品从不同角度拍摄1到6张，并附有主题、作者、关键字、位置、材质、空间、资金来源与创造时间等信息。三是理论与政策：以题录的形式收录1999年至今关于公共艺术方面的期刊文章、硕博论文、学术著作、政策法规等。以知识网络形式建构内容，通过建立数据库和引文链接等方法，把不同层次的数据融为一个既具有紧密结构又可独立使用的数据体系。

信息采集的工作内容主要包括公共艺术文字信息录入和图像信息的采集。工作流程包括：收集、整理、录入、审核、汇总。首先做好资源信息的采集(文字、图片) 和整理。其次根据信息库构建的元数据标准，对信息进行处理、录入等工作，然后对录入数据进行初审与终审，并汇总进入信息资源库（图4-7）。最后对每条数据逐一检查，内容错误率不超过万分之五。在此范围内的，数据采集人有权进行修正；对出错率超过范围的，数据采集人将错误数据记录后形成文件返回给数据录入员，改正后再重新上传、审核。

图4-7　公共艺术信息上传流程工作界面

为了充分利用网络资源，收集网络上的公共艺术案例，系统平台设置了艺术爬虫模块。爬虫是近年来兴起的一种新型信息收集技术，又称网络爬虫，网页蜘蛛或网络机器人，在网络社区中，经常称为网页追逐者，是一种按照一定规则，自动抓取网络信息的程序或脚本。在城市公共艺术资源信息库建设中，通过网络爬虫的应用，提供给信息搜寻者自动提取网页的程序。当你需要查找某一个艺术品造型信息、材料信息、位置信息或者公众评价信息时，只需输入某个特定关键词，就会搜索到与此类信息相关的所有信息，并按照一定的规律排列出来以供选择应用。中国公共艺术资源信息库建设在我国同类型网站中最早使用了此类程序，极大地提高了资源收集的效率。

2. 海量公共艺术品数据信息的高效检索

信息资源库建设就是为了更好地提供数据服务，而数据服务的基础是数据检索。所有的数据分析、数据挖掘、数据统计都离不开数据检索。目前成熟的数据库都提供方便快捷的检索方式，但这些检索方式往往是针对结构化、关系型数据的。在艺术产品价值评估数据库中保存了大量的非结构化、非关系型数据，如图片、音频、视频等。针对这些非结构化、非关系型数据如何构建高效的查询索引结构，从而提高数据检索效率成为了该库研究需要解决的主要问题之一。可以采用基于NoSQL数据库和MAPREDUCE并行计算的方法，在海量公共艺术品数据信息中高效、快速的检索。

公共艺术信息资源库在建设时既要考虑数据库系统自身的要求，又要考虑公共艺术资源信息的特点，更要关注信息检索过程的便捷性与开放性。因此在设计信息检索过程中，我们重点关注两个方面：一是在检索方式上以逻辑匹配为主导，检索途径以关键词为主导，在检索方法上，提问检索和浏览检索并重。信息检索模块包括数据库、检索机制、匹配机制和信息呈现机制。用户在进行信息检索时，资源系统会依据用户提交的检索条件，对信息库进行逐一检索、筛选和匹配，并基于用户体验采用可视化的方法将结果反馈给用户。二是在页面设计上，强调美观、友好、操作简单和方便。页面框架大小适中，页面

图4-8 公共艺术信息检索流程工作界面

按照不同的功能划分为不同的区域（图4-8）。页面上半部为检索区域，用户根据需求提交检索条件，其中材质、空间与地域采用点击的方式检索，作者与年代选用输入的方式提交。页面下半部为检索结果显示区域，采用大图与列表两种方式显示结果。例如，用户如需查找材质为金属、所在区域为景区且地域为河南的所有公共艺术品，可以分别在页面上点击相关选项。

3. 海量公共艺术品信息的高效数据存储

公共艺术资源信息库是进行艺术品数字化的资源加工、存储、研究、共享与增值再利用的综合平台，采用先进的数据存储、数据挖掘、图形图像及多媒体分析处理、知识产权保护等技术，以艺术产品库、艺术家库为核心的多种数据库组成的数据库群，可以存储海量的多媒体非结构化数据。艺术品数据库具有数据量大、数据类型多（包括结构化数据、半结构化数据和非结构化数据）、数据源广泛、数据之间关联性关系复杂等特点，研究并采用新的高效数据存储方法，以解决传统存储技术不能以一种合理有效的存储架构来存储海量异构数据的问题，这是实现艺术品数据高效查询和分析的基础。研究如何在云存储技术和云服务架构的基础上，构建以NoSQL数据存储和管理为核心的艺术品云服务系统，整合各种存储资源并进行统一管理，从而实现艺术品数据的高效存储和利用。

三、资源库的应用：数据中的我国城市公共艺术

城市公共艺术信息资源库的建设给了我们从现实角度观察公共艺术历史发展趋势的契机。通过对样本数据的分析，我们可以从中发现一些端倪。

所选样本中近五年内修建的公共艺术作品中，雕塑作品占到1 689件，占样本总数的97.3%。说明当前雕塑艺术依然是公众、艺术家和公共艺术管理部门喜闻乐见的公共艺术表现形式。可以预测在未来很长一段时间内，雕塑艺术将是我国城市公共艺术的主要表现形式。但是，通过数据对比我们也发现，近两年内的雕塑艺术表现形式已经和以前的雕塑艺术形式在创作外观和内涵表达上有了很大区别，以消费主义、多文文化价值观为核心的公共艺术形式的表达日益增多，而提倡精神性、倡导中心主义的公共艺术作品在逐渐减少。

从样本中体现的选用材质的角度来看，石材最多，为928件，占53.3%；金属其次，450件，占25.9%。作为一种公共空间中的艺术形式，人们可能更多的希望艺术品能永久保存，所以艺术家在创作过程中会优先考虑选取坚固、耐用，保存时间长的材质。值得一提的是，从样品中我们发现，大量石材与金属材料制作的公共艺术品在经过长时间的风吹日晒、人为破坏后，已失去原有的

艺术性与观赏性，相反成为破坏环境美感的累赘。同时，在调研中这一发现表明公共艺术品的日常管理维护与退出机制的建立已成为摆在城市管理者面前一个不可回避的问题。

从实现艺术品不同价值的角度出发，在对公共艺术品进行空间布局时，有一些公认的公共艺术品空间布局方式的标准。其中比较著名的一项就是场地应有较高的步行人流量，属于城市步行系统的一部分。①换句话说，公共艺术品在某区域放置的数量与该区域步行人流量成正向关联。过去，在进行建设公共艺术项目时鲜有提及，但采样数据从一个侧面反映了这一事实。在样本对象中，从公共艺术品所处区域来看，景区最多，818件，占47.1%；社区其次，474件，占27.3%；商业与教育区域居后，分别为238和123件，占13.7%和7.1%；交通区域最少83件，占4.8%。显然，景区步行人流量大，所以放置公共艺术品数量最多，交通区域人流量虽大，但步行的人少，所以公共艺术品放置最少。

通过收集的信息显示，在一些刚刚完成的新城区域，尤其是商业区与公共广场，出现了大量新的公共装置艺术形式，这些装置艺术品在材料运用上已经脱离传统的艺术媒介，呈现多样化。许多包含科技元素的公共艺术品，具有极强的视觉冲击和交互性，代表了未来商业空间中公共艺术发展的新常态。

通过数据分析，我们可以看到，经济较发达的大城市非常注重公共艺术品的艺术性、公共性与观念性的探索，同时也注重表现形式的多元化与前沿性。在公共艺术品的维护和管理上相对较为重视；而在大多数的中小城市，公共艺术建设的现状令人堪忧，除了公共艺术品数量极其缺乏，更为重要的现存是公共艺术品在设计、创作方面存在较大问题，很多作品对环境的改善甚至起到了反作用。

四、小结

随着信息技术在公共艺术研究领域的应用，技术创新与公共艺术之间的关系日渐紧密，使得在新技术条件下公共艺术的资源整合成为当前公共艺术实践中的一个热点。文中叙述的我国城市公共艺术信息资源库，旨在利用各项新兴技术，最大限度地实现对公共艺术在我国城市发展历程中的历史归纳，从而为未来公共艺术的发展理清思路。这一想法伴随着正在研究中的2013年国家社科基金艺术学项目"我国城市公共艺术信息资源库建设与应用研究"的始终。未来，我们将秉承这一思路，积极面对复杂的公共艺术实践过程中将遇到的问题

---

① 周刚等. 公共艺术品社会价值的实证调研—杭州案例[J]. 装饰，2012（12）：123.

和挑战，为我国城市公共艺术的跨学科研究贡献绵薄之力。

第五节　基于网络环境的公共艺术交流平台的建设应用研究

　　信息技术介入公共艺术创作的传统由来已久。信息技术的引入，使得公共艺术在表现形式、传播方式等方面发生了显著变化。除了一般性的介入公共艺术创作，比如将平面图像真实地表达之外，声、光、电、影像等技术的综合运用也成为近些年来公共艺术创作的新趋势。目前，国内学者对公共艺术领域的信息技术应用研究，更多地停留在数字媒体技术在公共艺术的运用研究上，或者是对数字媒体技术融入公共艺术创作的分析与研究。其着眼点在于，利用信息技术来支持和影响公共艺术创作与传播，如江南大学王峰的博士学位论文《数字化背景下的城市公共艺术及其交互设计研究》、江南大学张旭的硕士学位论文《以互动性思维为导向的公共艺术》、中央美术学院王磊的硕士学位论文《数字媒体介入公共艺术》等。与之对应的是，国内研究中关于网络技术介入公共艺术活动进而推进公众意见交流方面的研究却鲜见提及。袁隆在《初探网络公共艺术在中国互联网的现实性》一文中提出了"网络公共艺术"的概念，并提及了网络技术对公共艺术活动影响的重要作用及其未来美好的前景，他认为"可以想见，在不久的将来，网络公共艺术必将在中国的文化舞台上留下一笔重彩。"[1]笔者认为，开发服务于信息交流和公众参与的公共艺术公众交流系统将在未来一段时间内成为公共艺术领域的研究热点。另外，从技术发展条件看，随着互联网逐渐普及、网络通信技术的迅猛发展，发展这一类型的系统已经具备了坚实的现实基础。本文从公共艺术中公众话语权的建构出发，在综合网络社会中的公众多元交流合作与艺术公共性相结合的基础上，探讨基于网络技术的公共艺术公众意见交流系统框架架构问题，并阐述其技术路线及潜在应用。

一、公众交流平台——公共空间中公众话语权的建构

　　近年来，随着国内学术界对"公共艺术"概念、现象认识的深化，公共艺术的公共性问题逐渐进入的大众的视野。"公共艺术的前提是公共性，在一个连基本说话的权利都受到限制的社会，在公众表达自己的观点和意愿都不能得到

---

① 袁隆. 初探网络公共艺术在中国互联网的现实性[J]. 新视觉艺术，2011(5)：31.

保障的社会，是没有公共艺术可言的。"[①]可见，公共艺术的公共性具有一种艺术平等的特质，具体而言，依据公众的意愿来选择公共艺术所要表现的内容、方式以及选择艺术家，或者是艺术家与公众保持畅通的交流和沟通，在公共艺术的创作活动中准确把握与表达公众的意愿。两者的核心是在公共艺术的创作活动必须充分体现公众的话语权，以表达公众的意愿。鉴于公众话语权的重要性，我们有必要为公共艺术活动中所有的参与者和欣赏者提供一个都享有自由话语权公开的平台。这个平台不局限于公共艺术的主流意识形态的影响，每个对公共艺术有想法和意见的公众都能够真实地表达自己的想法和观点，甚至是尖锐的批判性言论。

通过公众的社会属性揭示出公共艺术的公共性，是不足以能够将公共艺术的艺术形态描述清楚的。公共艺术的存在需要借助和依托于一定的空间。空间自身既具有自然属性更具有社会属性。[②]基于网络环境的公众交流平台就是公共艺术话语权的存在需要借助和依托的既有自然属性更具有社会属性的公共空间。网络环境就是这样一种自由、平等、开放的空间，它对所有问题和所有人开放，同时，它一改传统媒介那种线性的对话方式，采用一种多边、网状的对话方式。在这个空间里，公众可以对关于公共艺术活动的话题畅所欲言，发表或传播自己的观点和意见。这个空间让我们收获公众对公共艺术创作的意见和愿望，在公共艺术的设立之前就公众关心的问题形成妥协，进而形成广泛的审美共识。这种广泛的共识有助于形成带有倾向性的民意，使得公共艺术品在建立之初就具有坚实的民意基础。

综上所述，公共艺术公众交流平台的设立将为公众提供一个民主，有效，便利的参与艺术创作的渠道，有利于唤起公众对公共艺术参与的热情；同时，平台中日积月累的意见与资源也会对公众的审美情趣、艺术家的创作思维产生影响，这样的影响将会在日后的公共艺术品的决策、创作、管理等环节中体现出来。正是这个平台，让所有参与公共艺术欣赏与创作的公众不受干扰的表达自己的真实意愿与创作思想，从这一意义上来说，公众交流平台的提出充分体现了公众在公共艺术领域的话语权，促进了艺术向"本原"的回归。

二、网络环境下的公共艺术意见交流

当前，信息技术介入公共艺术活动的成效，决定于三种因素：技术创新（尤

---

① 孙振华. 公共艺术时代[M]. 南京：江苏美术出版社，2003：157.
② 吴士新. 中国当代公共艺术研究[D]. 北京：中国艺术研究院，2005：6.

其是网络技术发展）、公共艺术研究理论演变和公共艺术实践需求。具体表现在，一个新的合作式的交流工作模式在网络化、信息化的社会中对新的公共艺术信息的积极诉求。

1. 网络空间——公共艺术话语权的新阐释

公共艺术有关注世俗、平等交流和公开讨论的要求，与网络空间的平等、开放、交互、匿名具有很大的一致性，由此，我们将公共艺术话语权置于网络空间中来思考讨论就具有了逻辑上的契合点。公共艺术的公共性就在于它赋予了公众讨论、评价艺术创作的权利，换句话说提升了公众的话语权，因此可以说公共艺术的出现使得艺术逐渐回归其原始的领域即公开讨论和理性批判。网络空间作为一种向多数人开放的、具有批判性的场所，"在这个公共领域中，像公共意见这样的事物能够形成。"①在网络空间中，公共意见来源并非单纯的个人喜好，而是个体对公共艺术事务的关注和公开讨论，进而形成代表公众普遍利益的共识，从而对公共艺术活动进行民主的控制，即实现网络空间中的公共艺术话语权。

从20世纪70年代以来，基于计算机技术和信息通信技术的技术革命一直影响着人类社会、经济、文化等多方面的发展。以信息处理能力和新型通信方式为标志的"信息化网络社会"已然形成。信息时代的技术创新包含信息编辑与管理、生产，超越因距离、时间、成本而产生的信息表达与传递障碍等。这些技术创新不仅仅推动了经济的快速增长，同时也在不断推动社会空间和社会机构的嬗变。在网络化的社会背景下，信息技术深度介入人际交流已经成为影响人际交互、社会互动效率的重要因素，同时也带来了诸如知识创造与共享，社会群体网络，社会控制动员等方面的新的研究课题。从社会发展角度看，网络空间已不再是一个简单的信息处理与通信平台，更是新信息产生、交流、互动的空间。这些信息的交流、汇聚深刻改变了网络联络下的个体与集体行为，推动着新信息时代下社会结构的变革。面对这样的演变，公共艺术的研究者应当顺应时代发展的要求，以新的眼光审视对信息技术发展的理解和应用，以求从中获取新的灵感来源和创作依据。

2. 公众对公共艺术意见表达的新形式

信息化对公共艺术发展的直接影响，在于新技术极大扩展了公共艺术创作与欣赏、交互过程中艺术家与公众表达意见的领域。信息时代中的公共艺术，能借助技术手段挖掘多种意见类型和表达、传递多样意见。多元思维的参与和

---

① 汪辉，陈燕谷. 文化与公共性[C]. 北京：生活·读书·新知三联书店. 1998：125.

融入，细化了艺术家对公共艺术作品的理解，提高了公共艺术创作与欣赏活动的影响力度和深度。具体来说，公共艺术意见的扩展体现为两点：（1）个体艺术审美意见的肯定；（2）集体创作价值的发现。一方面，个体意识中存在自觉或不自觉的艺术审美行为，这种能力是个体在不断积累生活实践经验的基础上形成的自我未能觉察的默认理解审美意识。这一意见类型的肯定和被尊重，使得个人审美成为当前公共艺术活动体系中的重要组成部分。换一个角度，在多元的后现代社会中，个性审美意见被逐渐肯定，个体独特的认识结构和生活体验将成为公共艺术创作灵感的重要来源。而信息技术的发展给个体艺术审美意见的表达与传递提供了便利条件，从而使个体认知中独特的、有价值的审美理解和判断得以被发现，并通过交流和协作汇集到集体创作之中。在公共艺术领域，来自不同专业人员的逐步融入艺术创作，各种公众参与意见的逐渐得到重视，正印证了这一趋势的影响。另一方面，为了在一个主张个性张扬的后现代社会中维持、发展一个有序的城市公共艺术空间，集体创作行为沟通和协调在公共艺术活动中逐渐被强调。多元意见群体参与对话、交流、合作、协调成为公共艺术创作中整合意见、达成共识的重要途径。而在此过程中，信息系统技术的发展推动跨地域、跨机构的公共信息平台建设逐渐成熟，网络通信技术的发展给多方交流提供了便捷的信息交流工具，技术革新对形成有效的对话与合作起着重要的推动作用。①

3. 交流、协作的公共艺术交流新范式

随着多元价值介入公共艺术领域，公众意见交流领域逐步得到拓展，公共艺术实践逐渐呈现出协商与妥协并存的特征，一个以交流、协作为特征的公共艺术实践新范式正逐渐形成。交流、协作式范式的根本意图在于协调现代化向后现代化转变过程中所产生的多元价值冲突，以交流、协作的集体行为方式解决各方利益间的问题争议。英尼斯（Innes）和布赫（Booher）的研究指出，在构建共识的过程中，对话（dialogue）、研讨（discourse）、网络建立（networking）是产生合作的主要方法，而合作的成功关键在于能否吸引广泛的参与者以及促成参与者之间平等、有效的双向的信息交流。新的公共艺术交流范式核心是公共艺术意见（公众、艺术家、管理机构）的表达、共享、交换，保证对话、研讨、网络建立等合作行为的实现。实现这种交流和协作模式的前提在于一个公众交流的平台的建立。同时还需强调的是各群体完整的意见表达是多方参与合

---

① 周恺. 基于互联网的规划信息交流平台和公众参与平台建设[J]. 国际城市规划，2012(27)：103.

作的重要条件，不管公共艺术家、决策者还是公众，都应该具备对其所参与的公共艺术问题基本的理解以及适应其自身能力的表达途径和工具，这是产生有效率交流的前提。

三、基于网络的公众交流平台框架

综上所述，本研究以建设公众意见交流平台为切入点，以网络为意见表达和传递途径，以信息系统技术为核心，建立一个服务于公众意见共享和交换的平台支持框架（图4-9）。试图把公众参与公共艺术活动、政府规划公共艺术项目与艺术家创作公共艺术品引入交流、协作式实践，以现有技术建设基于网络环境的交流平台，建构一个多方参与、协作的公共空间。

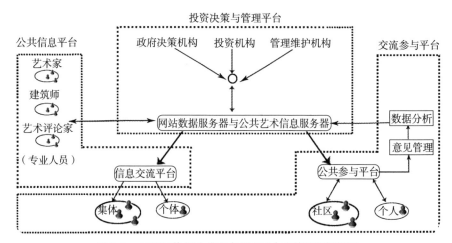

图4-9   基于网络的公共艺术交流平台支持系统框架图

1. 基于公共艺术意见分析的网络信息系统

系统整体而言是一个服务于公共艺术意见采集、交流、传递和储存的信息系统，其核心是一个集网络数据采集和公共艺术信息处理为一体的服务系统。它接受与感知源自各方的文本、图像等信息，经过分析处理之后向用户输出，形成以公共艺术信息为内容的网页界面。

其次，系统的特点是以网络用户界面的形式实现浏览者之间的信息互动。系统以数据库技术为依托，以友好的网络用户界面为信息呈现工具，以网页中呈现的意见信息为中介，连接现实世界中公共艺术参与者。系统主要分为"意见交流平台"和"公众参与平台"两大部分。"意见交流平台"用于接收经过服务器收集整理的数据信息，并以网页化、图像化的形式呈现给网络终端用户。

同时，允许使用者根据个人关注点进行基本的浏览、查询、检索操作。"公众参与平台"用于接收公众的意见反馈和数据输入。它以浏览器为窗口，鼓励公众在系统空间中发表意见、上传最新公共艺术案例、讨论公共艺术项目建设等，并输入相关信息（如个人意见、建议、公共艺术案例的基本信息等）。此后，公众提交的信息传递给后台中的信息管理模块，储存保留。

最后，需要指出的是平台存废的现实基础是公众参与公共艺术活动。同时，在不同的公共艺术情景中、不同的任务要求下，系统应当能够及时调整、不断完善，适应新的要求和新的活动情景。公众意见与信息的收集、规整和传递是系统的核心，所有的公众既是平台的使用者同时也是系统信息构建的贡献者，鼓励公众参与是系统开发、应用和不断完善的基础。

2. 多种技术和参与者的集合

为了最大程度发挥系统功效，平台框架在上述两大主要模块基础上集成了"公共信息平台""投资决策与管理平台""交流参与平台"三大主要辅助功能模块。系统综合利用"交流参与平台"中"数据分析"与"意见管理"工具提供的分析和管理能力，在独立的公共艺术信息服务器中处理意见数据信息，分析结果和数据连同收集的公共艺术意见、政策、案例等，通过"信息交流平台"展现、发布和传递。同时，利用"公众参与平台"，收集来自公众的意见和反馈。另外，政府决策机构、投资机构与管理维护机构可以通过"投资决策与管理"平台发布公共艺术建设项目信息、招投标信息、维护管理政策与方法等与公共艺术品建设、管理相关的日常信息，以保证公共艺术项目建设管理过程中公众的知情权，也可有针对性的在此展开讨论以方便上述机构了解公众对项目的意见与建议。

这样的流程设计围绕体现公共艺术的"公共性"出发，运用信息技术涵盖了多种意见类型和来源，体现多种参与方对公共艺术的意愿与需求。首先，艺术家的艺术感觉、建筑师的技术知识与艺术评论家的评价意见以多种形式被收集、汇入"信息交流平台"，并在"公共信息平台"引用中得到体现。其次，政府机构对公共艺术项目的规划成果与决策者战略、投资者意见、管理机构的举措等多种信息，在"投资决策与管理平台"中以数据、文本、图纸、政策等多种形式被采集，经过数据服务器的整合处理，最终通过"信息交流平台"呈现。最后，公共艺术品的欣赏方——个体、集体与社区——的关注意见，通过网络参与公共艺术活动，于"交流参与平台"上表达，作为投资、决策与管理机构规划管理公共艺术时的辅助参考。

四、交流平台的潜在应用

从系统功能可以看出，利用现有技术和数据条件开发出来的公共艺术公众意见交流平台有几大优势。一方面，公共艺术案例数据都可以在现有的平台上通过作品收集上传得以叠加显示，这使得各种通用的公共艺术相关数据类型都可整合入系统。另一方面，现有的网络平台为实时信息的发布提供了可能，可用功能包括公共艺术竞赛信息发布、政策信息浏览、公众对公共艺术作品的意见讨论和公共艺术项目发布等。现有技术可以很好地公开公共艺术信息，为政府相关部门、艺术团体组织实施城市公共艺术项目提供有价值的参考资料。系统可能运用的领域如下。

1. 政府、民间机构政策信息发布

公共艺术公众交流平台可以作为区域政府信息发布平台。公共艺术管理机关可以把公共艺术项目建设信息，特定地区（自然资源保护区，历史文化遗产保护区）的公共艺术建设征询方案等信息通过这一平台汇总向外部发布并征询公众意见。同时，允许用户通过网络平台进行相关的公共艺术政策信息进行查询。

2. 多方参与公共艺术方案讨论

公共艺术意见交流平台可以作为公共艺术品建设、管理与维护过程中，决策者、建设者艺术家与公众之间基于网络的多方参与的方案讨论平台。公共艺术品设计草案、管理规则、维护方案等可以通过网络平台发布并讨论，各方意见和讨论成果可以通过网络平台进行发布共享。公共艺术建设、管理与维护过程中的多个参与方，以此平台作为日常性的意见交换工具，有助于政府机构、艺术家与公众共同完成跨越距离和群体利益的协作式工作。

3. 公共艺术活动中的公众参与

公共艺术与其他艺术形式最大的不同在于公共艺术活动的各个环节都需要公众的参与，公共艺术是一种开放式的新艺术形式，并将这种参与置于极为重要的地位，真正使得民众对公共艺术品产生拥有感，进而在情感、态度与价值观上产生认同，这样公共艺术活动的实施才能在民众中获得正面响应。公众交流平台可以作为特定范围内的网络公共艺术公众参与平台，针对某一公共艺术项目、活动方案等进行公众意见征集。经过设计的界面朴实清新，导航明确，并提供通用易学的操作方式，使用者可以轻松掌握基本的网络操作。网络空间中的公众交流平台可充分利用网络环境中高效、低成本的特点满足公众长时间、远距离信息交流的需要。利用网络平台，政府决策与管理部门可以完成大

范围的公众意见收集，汇集公众有关建议，进而调整与完善有关公共艺术的规划、管理职能及措施。

五、小结

信息技术革命的推进，赋予公共艺术在一个多元价值社会中寻求基于交流与协作的新意见交流范式的机会。技术创新和公共艺术实践之间相互联系、彼此促进，这使得"新技术条件下公共艺术各参与方之间的意见交流"成为当前公共艺术实践中一个不可回避的话题。本文所叙述的基于网络的公共艺术公众交流平台框架，旨在利用网络的开放结构，最大限度地实现公众对公共艺术活动的话语权，从而体现公共艺术的"公共性"。通过研究，一个运用多种技术、基于多方参与者协作范式的网络交流系统的技术框架逐渐清晰。这一技术框架也将成为正在研究中的2013年国家社科基金艺术学项目《我国城市公共艺术信息资源库建设与应用研究》的重要组成部分。未来，我们将进一步在实践中检验该平台实际运行的状态及其面对复杂的公共艺术实践过程时将遇到的问题和挑战，以不断适应公共艺术发展的需要。

第六节　基于移动互联网的公共艺术交流、互动语境的营造、设计与实现

长期研究艺术信息资讯平台建设的青年学者张淞在《网络空间中公众公共艺术话语权的表达、阐释与实现》一文中，从公共艺术话语权的表达着手，利用MVC模式，通过Easyui+JSP+Servlet+Google Volley+JPush+JSON+Web Services等手段，就如何实现公共艺术话语信息的阐释及交流互动过程的实现做了探讨。文中，张淞重点提及了信息交流平台板块的设计构造、公共话语权在平台上的实现以及公众话语信息的流通方式、方法，为公共艺术信息资源库的建设提供了积极的思路。但是，张淞的研究成果并没有解决互联网时代信息平台交流语境的舒适性问题，他也回避了物联网时代基于移动互联网的公共艺术资源信息平台的开发与利用。更为重要的是，他对于开发公共艺术交流平台的技术研究还局限在互联网2.0时代多数艺术品门户网站的开发技术上，没有对技术手段提出新的观点，对于利用技术手段解决交流平台的舒适性、交互性问题没有进行深入研究与探索。

自进入物联网时代以来，艺术信息交流平台的建设日新月异，各种技术手段层出不穷。从实践层面来看，最早的艺术信息交流平台当属美术同盟（www.

tomarts.cn），最早开设九大美术学院的交流论坛，各论坛允许用户注册、登陆后以文字、图片的形式发贴交流。但早期的论坛形式偏重于内容的发布，对于交流互动环节的设计则远远不够，更谈不上交流的舒适性和个性化体验。2000年后雅昌艺术网、99艺术网、卓客艺术网等门户网站为艺术家提供独立空间发布信息交流，使得平台交流的体验感越来越好，使得艺术信息的交流由点对面的交流或面对点的交流逐步走向点对点的交流，慢慢解决了艺术信息交流的不对称问题。2010年后，随着移动互联网的兴起与蓬勃发展，智能手机的出现彻底改变了传统的信息交流方式，也改变了网络信息交流的用户习惯。诸如易拍全球、大咖拍卖、联拍在线、O2O共享连锁画廊等基于移动互联网的艺术信息交流平台日益增多，各种O2O、P2P、C2B等基于移动端的艺术信息交流平台在此起彼伏的呐喊与推动声中不断创新与发展，针对艺术信息的搜索、查询以及大数据的潜在预测等问题早已通过技术手段得到很好的解决，平台交流的舒适性与个性化问题也因技术的发展而越来越人性化。自2012年开始，国务院及各部委陆续出台关于支持移动互联网发展的相关政策，更是为移动互联网的积极开发指明了道路。基于移动互联网的艺术信息交流平台建设迎来大勃兴时期。

随着市场的需求与实践的大跨步发展，国内不少学者开始关注并重视这一全新的领域，大量相关的研究文章、专著也陆续出台。但是，迄今为止，却鲜有对移动互联网络环境中公共艺术交流、互动语境进行的研究文章。即便在专注于公共艺术信息平台交流研究的青年学者张淞的文章或者口述中，也没有对移动端平台交流语境的营造、设计实现等内容进行提及。从技术发展条件看，随着移动互联网逐渐普及、网络通信技术的迅猛发展、公众移动互联网使用习惯的形成，这一类型的系统开发与运用已经具备了坚实的现实基础。通过移动互联网技术手段解决艺术品与交流者之间信息不对称问题、信息的流动性管理架构问题、信息的储存与共享等问题，营造良好的艺术信息交流体验氛围，实现平台的个性化管理、人性化体验、规范化使用是未来此领域研究中的重点。

一、亲切交流、及时传输、个性表达——公共艺术交流语境营造新方式

公共艺术的出现是社会公共权力不断演化和蜕变的结果，也是公众参与艺术活动的重要体现。随着城市公共艺术在社会生活中的重要性不断增强，公众参与艺术的形式范围与内容也不断扩张。近年来，公共艺术作品已涉入我国城

市的方方面面，提升城市的形象的同时，也能为城市的经济、文化、政治发展创造好的生态环境。特别是社会新形势下对于大众公共话语权的实现；艺术政策、艺术信息知情权的体现以及大众参与艺术活动来说提供了很好的途径。因此，有必要为公共艺术活动中所有的参与者提供一个都享有自由话语权的公开平台。这个平台客观上使每位关注公共艺术创作公众都能够真实地表达自己的想法和观点，甚至能对公共艺术领域的不良现象进行尖锐的批判。

基于移动网络环境的公众交流平台对所有问题和所有人开放。通过移动手机端的连接，使参与者形成一个及时、及刻在任何地点都可以传输的网络环境。这种模式的设计从技术层面而言，它建立在Debian系统下的电脑硬件环境中，完全清除vn痕迹去虚拟化，包括注册表、dxdiag等，完美模拟真实电脑的交流环境。它一改MVC模式下那种点对点的对话方式，采用一种多边、网状的对话方式，解决了公众信息与公共艺术信息之间沟通的渠道问题。这种技术环境下的交流空间设计使得公众之间信息的交互性更快速化、便捷化，同时也最大程度实现了交流的亲切性与舒适性。最重要的是，这一交流平台能有效保护交流的私密性，为平台会员之间的交流提供个性化定制服务，提供独立的交流空间。

Debian系统下的公共艺术公众交流平台还将为公众提供一个民主、有效、便利的参与艺术创作的渠道，有利于唤起公众对公共艺术参与的热情；同时，平台中日积月累的意见与资源也会对公众的艺术情结、艺术家的创作思维产生影响，这样的影响将会在日后的公共艺术品的决策、创作、管理等环节中体现出来。从这一意义上来说，基于移动互联网的公众交流平台建设较为全面地实现了公众在公共艺术话语交流过程中的语境营造，促进了公共艺术信息交流在"互联网+"时代的转向。

二、流动信息的共享与协作——网络环境中的公共艺术信息管理

信息安全与信息管理一直是互联网时代数据信息研究的重点。对公共艺术信息的有效管理体现了变化中的交流方式在网络化、信息化的环境中对新产生的公共艺术信息的积极诉求。对于Debian系统下公共艺术交流平台中的信息管理而言，技术创新主要是指网络环境中公共艺术信息管理架构的创新。

信息化对公共艺术发展的直接影响，在于信息的多向度传递扩展了和延伸了信息交流的无限可能性。与公共艺术有关的文字、图片，声音等信息都能借助技术手段得以交流、互动。并从细节上将公共艺术意见进行了分类处理，通过设计不同的信息空间，而使得交流过程具体化和具有针对性。具体来说，公

共艺术意见信息主要体现为以下几类：一是个体艺术审美意见的抒发，二是公共艺术作品价值的探讨，三是创作过程的交流，四是公众话语权的表达。多元意见群体分类参与对话、交流、合作、协调也成为公共艺术创作中整合意见、达成共识的重要途径。而在此过程中，信息系统技术的发展推动跨地域、跨机构的公共信息平台建设逐渐成熟，网络通信技术的发展给多方交流提供了便捷的信息交流工具，技术革新对形成有效的对话与合作起着重要的推动作用。

公共艺术作为一种面向公众、需要公众参与互动的艺术形式本身具有对艺术创作过程中的各种信息公开讨论的现实需求。一方面，公共艺术相关的网络信息语言需要被共享和使用；另一方面，对于公开信息的管理，特别是信息在流动中的更新与处理显得尤为重要。

在网络空间中，公共意见来源并非单纯的个人喜好，而是个体对公共艺术事务的关注和公开讨论，进而形成代表公众普遍利益的共识，从而对公共艺术活动进行民主控制，即实现网络空间中的公共艺术话语权。

基于移动互联网的公共艺术信息管理不仅包含信息编辑与生产、存储，共享等，还包括信息在流动中的更新与处理。Debian系统下的公共艺术信息管理架构的就是立足于这一基点，信息的管理中首先实现流动信息的共享与协作，并对产生的新信息进行及时推送与传递。这些信息的交流、汇聚深刻改变了网络联络下的个体与集体行为，推动着新信息时代下社会结构的变革，为公共艺术创作者提供新的创作依据与灵感的同时，也为公众提供了新的艺术理解方式。

英尼斯（Innes）和布赫（Booher）的研究指出，在构建共识的过程中，对话（dialogue）、研讨（discourse）、网络建立（networking）是产生合作的主要方法，而合作的成功关键在于能否吸引广泛的参与者以及促成参与者之间平等、有效的双向信息交流。物联网时代无论何种网络交流平台的设计都应该最大限度追求交流过程的亲切体验、及时传输以及个性表达。让平台成为解决公共艺术各种问题的工具与手段，这是平台有效管理的最终目的。

三、"融会贯通"——基于移动端的公共艺术网络交流平台框架

国家社科基金艺术学项目《我国城市公共艺术资源信息库建设与应用研究》，已经初步建设完成的公共艺术交流平台正是以信息管理系统技术为核心，建立一个服务于公众意见共享和交换的平台支持框架（图4-10、图

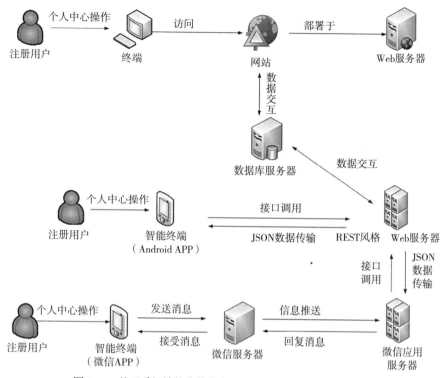

图4-10 基于手机端的公共艺术公众交流平台支持系统框架图

4-11）。试图把公众参与公共艺术活动、政府规划公共艺术项目与艺术家创作公共艺术品引入交流、协作式实践。开发建设基于移动网的交流平台，目的是期望在Debian系统下建构一个多方参与、协作的公共交流空间。

　　一个服务于公共艺术意见采集、交流、传递和储存的信息系统，其核心是一个集网络数据采集和公共艺术信息处理为一体的服务系统。它接受与感知源自各方的文本、图像等信息，经过分析处理之后向用户输出，形成以公共艺术信息为内容的网页界面。

　　我国城市公共艺术资源信息库平台系统的特点是以网络用户界面的形式实现浏览者之间的信息互动。系统以数据库技术为依托，以友好的网络用户界面为信息呈现工具，以网页中呈现的意见信息为中介，连接现实世界中公共艺术参与者。系统主要分为"意见交流平台"和"公众参与平台"两大部分。"意见交流平台"用于接收经过服务器收集整理的数据信息，并以网页化、图像化的形式呈现给网络终端用户。同时，允许使用者根据个人关注点进行基本的浏览、查询、检索操作。"公众参与平台"用于接收公众的意见反馈和数据输入。它以浏览器为窗口，鼓励公众在系统空间中发表意见、上传最新公共艺术案例、

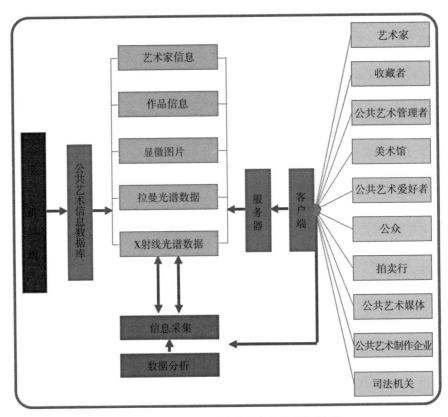

图4-11   公共艺术公众交流平台支持系统框架图

讨论公共艺术项目建设等，并输入相关信息（如个人意见、建议、公共艺术案例的基本信息等）。此后，公众提交的信息传递给后台中的信息管理模块，储存保留。

需要指出的是，平台生存的现实基础是公众积极参与公共艺术活动。同时，在不同的公共艺术情景、不同的任务要求下，系统应当能够及时调整、不断完善，适应新的要求和新的活动情景。公众意见与信息的收集、规整和传递是系统的核心，所有的公众既是平台的使用者同时也是系统信息构建的贡献者，鼓励公众参与是系统开发、应用和不断完善的基础。

四、基于移动端的公共艺术交流平台的潜在应用

1. 既是实现公共话语权的重要载体，也是公共艺术项目走向众筹之路的现实途径

在国外，许多发达国家政府部门设立了国家公共艺术基金，专门针对政府

相关公共艺术项目进行资金募集，并定向投资。同时也有民间机构，如建筑企业、设计公司等自发设立公共艺术项目基金，针对特定社区或企业活动的公共艺术项目进行支持。这种众筹方式的公共艺术基金形式为西方国家公共艺术的快速发展起到了极大的推动作用，诞生了一大批非常优秀、能真正融入市民生活的公共艺术作品。我国城市公共艺术项目往往由领导决策，政府财政拨款，项目由立意到实施的整个过程无法让公众参与，这就使得公共艺术项目难以从源头上实现公众的真实需求。公共艺术交流平台的出现极好地解决了这一问题，作为一项极具民主功能的技术发明，它不仅促使了公共艺术信息的自由传播和低成本，个体可以自由地获取信息和表达，个体与个体之间可以顺畅地交流，同时也使得种种主观控制和客观局限在互联网的普及和提升过程中被迅速消解。在技术手段上，互联网使个人化和独立性有了巨大的可能，公众能够平等地获取信息，自主建立自己的知识结构，自由表达和交流，形成丰富的共同体。它激发了自由意志、个人觉悟、创造意识、对公共问题的参与、个体之间的联动等，各城市社区居民可以通过这一平台参与到本地区公共艺术项目的讨论中来，不仅仅可以让自己的声音影响项目的实施，还能自筹资金创建自己喜欢的公共艺术，这不仅是我国公共艺术项目运作方式的重要创新，更是社会政治文明的极大进步。

2. 基于移动互联网的公众交流平台为公众感受艺术、认识艺术、探索艺术提供了新的渠道

移动互联网的介入让公共艺术交流平台以"自媒体"形式出现，在媒介更新的过程中，公众的思维也发生着变化，观众观看和接受的方式也被不断发生着改变。新媒介需要观众通过更多的主观能动性和想象力，与作品产生互动。自媒体的兴起，去中心化、权力分散，正在终结着集权的艺术观念和大师时代。当代艺术追求的彻底开放性以及它所珍视的敏感、自由、创造性和移动互联网的技术和精神更加契合。在移动互联网的激发下，"艺术"正在成为很多人的生活实践，更"当代"的艺术，必然要和移动互联网发生紧密关系。它要求艺术家具有更开放的"艺术观"和更多样的手段、更综合的能力。那些具有跨领域资源和跨学科能力，又在了解"当代艺术"的基础上进一步推进的人，更可能得心应手。移动互联网是民主的、开放的、成本极低的，而且它正在更深入地触及生活的各个角落。一个艺术创作者只要通过移动互联网激发艺术的火花，必将随之引发众人创意、众人实践、众人推广、众人投资、众人消费，并在这个过程中不断开放、不断生成和变化，激发出更多的可能性，越来越变成众人之事。公共艺术交流平台的出现，更为公众感受艺术、认识艺术、探索艺术提供了新的方法与手段，借助互联网手段更加方便地实现公共艺术的公众启蒙、演变和无限发展。

3. 为我国公共文化服务体系的建设开辟了新的窗口

公共文化服务体系建设是我国文化建设的新发展，具有公平均等性、公益性、多样性、便利性和普及性的特征。以人为本是公共文化服务体系建设应坚持的基本价值理念，围绕实现人民群众的文化权益开展多方面富有成效的工作是政府公共文化服务的目标和任务。公共文化服务体系建设要收到实效，需要政府出台相关的政策，组织落实具体的措施。公共文化服务的"公共性"体现在哪里？随着公共文化服务能力的提高和人民群众文化需求的多样，"公共性"逐渐有了其他的表现方式：它不是文化部门一家的工作，它可以广泛吸纳社会力量共同参与，它应该利用当前最先进的技术和管理方式，让公共文化服务释放出更大的能量，而基于移动互联网的公共艺术交流平台的出现正是顺应了这股潮流与趋势，成为我国公共文化服务体系中最重要的一个部分。

可以预见，未来有了移动端的城市公共艺术资源库公共服务平台，对于政府职能部门来说，提供了一个新的为公众服务以及项目管理的窗口，对于公共艺术管理者、从业者、爱好者以及进入交流平台交流的公众而言，也提供了一种参与互动的新方式。这种方式的演进将我国公共文化服务体系推进到了一个新的高度。

第七节　大数据应用于公共艺术领域的探索与实践

在公共艺术领域，不论是对公共艺术作品发表意见的普通公众，或是从事公共艺术创作的艺术家，还是公共艺术管理部门的管理者，人们正在越来越频繁地以不同方式接触大数据。目前，大数据应用不仅是科技界的研发重点和政府的战略规划，而且已经日益显现出对于公共艺术的研究价值。例如，在宏观层面，搜索技术可以帮助人们从大数据中把握国家公共艺术政策动态与发展趋势；在中观层面，可以运用数据工具分析公共艺术发展趋势，揭示隐藏于公共艺术现象背后的各种规律；在微观层面，可以对公共艺术作品进行精密分析、每个艺术用户进行追踪研究。大数据时代的到来不仅使数据分析日益成为公共艺术研究的主导范式，更促进了公共艺术研究思维从个体到全体、由微观到宏观、由因果性向关联性的转变。

一、大数据时代的思维转变

为什么要强调"思维转变",一个重要的动因在于"大数据"数量大,来源杂、非结构性强,通常我们只能用概率给出预测以参考而并无法给出精准的判断,无疑这就要求我们日益增强数据分析能力,预测与掌控未来,因而,大数据时代的研究焦点在未来而非过去。如舍恩伯格所言:"有了大数据后,人们会认识到:其实很多追因溯果的行为都是白费力气,都是没有根据的幻想,会让思维走进死胡同。如果转而把注意力放在寻找关联性上,即使不能找到事物发生的原因,也能发现促使事物发生的现象和趋势,而这就足够了。"①舍弃"因果"寻找"关联",在"关联"中把握趋势是大数据时代的"主旋律"。艺术思维是人的思维,长久以来,人类追求事物真与美的天性,决定了人类在审美过程中以"找寻因果缘由"为终级思维。但在大数据时代追求"因果"的努力往往是徒劳,借由数据分析来探寻事物之间的关联性,将帮助我们更好地理解与认识艺术世界。这是一种全新的思维取向,从分析事物间种种关联、潜关联、或貌似不关联的"关联性"入手,探求在传统艺术研究中被忽视的复杂关系,而不再拘泥于"现实世界"的真相。这正是大数据时代艺术研究所应有的思维形式。

二、大数据应用关键问题

大数据应用于艺术领域的过程实际上是以云存储、云计算为代表的新技术与传统分析挖掘技术的融合,以实现艺术信息的高度整合,发掘隐藏于复杂艺术现象背后的客观艺术规律的过程。与传统的"架上艺术"相比,公共艺术有关注世俗、平等交流和公开讨论的要求,艺术家如何把握世俗的观点是进行公共艺术创作的前提与关键。就这个角度而言,大数据应用将开创一种包含新技术、新技能、新实践的公共艺术研究新模式。

1. 如何以多元开放的业务流程,实现公共艺术数据的实时/准实时处理

数据的实时/准实时处理是体现大数据应用价值的重要方面,随着公共艺术事业的逐步推进,其数据开始在量上出现几何式增长,加之数据格式的多样化导致数据存储、处理和挖掘等变得异常困难。解决方法之一就是在构建大数据库时优先考虑分布式存储和计算的框架模式。需要指出的是这种框架对业务流

①〔英〕维克托·迈尔·舍恩伯格,肯尼斯·库克耶. 盛杨燕,周涛译. 大数据时代[M].
杭州:浙江人民出版社,2013:108.

程的处理能力和灵活性提出了较高要求，毕竟大数据的价值依赖于数据处理与分析的快速与准确性。

2. 如何全方位多角度汇聚各方信息，体现个性化的公共艺术信息表达诉求

"公共艺术的前提是公共性，在一个连基本说话的权利都受到限制的社会，在公众表达自己的观点和意愿都不能得到保障的社会，是没有公共艺术可言的。"[①]可见，公共艺术的发展需要有多方意见的参与。多方意见汇聚于大数据平台，进而形成多种来源的稀疏数据，从中通过挖掘算法进行数据分析，建立多维的统一视图，才可以全方位、多角度、准确地给公共艺术数据打上价值标签，为以公众意见为中心的个性化、差异化服务提供基础，实现精确有效的价值分析与公共艺术数据价值的二次提升。

3. 如何在整个公共艺术数据链中共享分析结果，最大限度地实现公共艺术实践过程中各方话语权的表达，进而形成广泛的审美共识

公共艺术领域中的多元价值取向，使得公共艺术信息处理领域逐步得到拓展，决定了大数据处理需要跨行业、跨领域的数据来源，其最终结果也需要以简单明了的方式在多方之间共享和完善，帮助在公共艺术实践中各方打造共同的审美价值理念。

三、大数据架构实践

进入互联网时代，公众用计算机接入互联网以联通世界，海量数据填充了公众的时时刻刻。这种新情况的出现，使得以大数据手段收集研究公共艺术实践行为成为可能。从数据的结构化程度来看，"大数据"的处理模式不仅能基于结构化数据的分析和模型算法来指导与预测趋势，还可以很好地处理半结构化的数据，甚至是非结构化的流数据。[②]

以我国城市公共艺术信息资源库项目建设经验为基础，可以从多源数据整合、用户业务管理、智能数据趋势分析三个方面描述"大数据"在公共艺术领域的应用过程。这些管理数据和业务数据均具有大数据的特点，为进行良好的数据关联，摒弃耗时耗力的传统关系型数据库，研究采用"关系数据库存储+分布式存储"的方式：如图4-12所示，在服务器集群中部署Sql Server数据库和分布式环境，实现快速准确的数据分析与趋势预测。

---

① 孙振华. 公共艺术时代[M]. 南京:江苏美术出版社，2003：157.

② 张玉忠等. 大数据应用在音乐垂直领域的实践[J]. 广东通信技术，2013(4)：37.

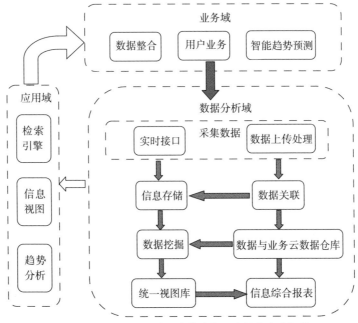

图4-12　我国城市公共艺术信息资源库的分布式架构

Sql Server数据库在架构实践中扮演两种角色：一是作为实时/准实时的数据处理临时缓存库；另一个是永久性/半永久性存储数据分析结果，以支撑对外开放API封装时所需要的信息。业务域和应用域的数据按照不同的实时性要求统一采集处理后分别存储于的云数据仓库和关系型数据库，再经过数据管理，最终结果以信息综合报表的形式呈现；数据分析域的分析结果通过接口的形式为应用域提供底层分析支撑；应用域的单个或多个处理功能的组合将结果传递给业务域后支持架构的业务功能。

1. 多源数据整合

我国城市公共艺术信息资源库的数据可分为系统管理员创建数据和系统授权用户创建数据两类，前者源自课题组收集整理的公共艺术信息，后者来自用户鉴赏公共艺术作品时收集的信息，此外两者还共有如下三类数据。

① 基础信息：公共艺术数据结构、数据部署（数据位置信息）、公共艺术数据流(数据集之间的流程非参照依赖关系)。

② 扩展信息：质量度量（公共艺术数据集上可以计算的度量）、度量逻辑关系（公共艺术数据集中各元素度量通过逻辑运算体现出的相互关系）、公共艺术数据集快照（某个时间点上，公共艺术数据在所有数据集上的分布情况）、模式表元数据（事实表、维度、属性、层次等）。

③ 内容数据：表语义层（表指标的规则、过滤条件与事物名称的对应关系）、公共艺术数据访问日志（用户访问数据的情况，包括何人访问何种数据等信息）、审核日志（系统中上传信息资源的审核情况，包括审核时间、被审核文献、审核人及结果）、公共艺术数据检索日志（用户检索数据的情况，含被检索数据、检索时间与检索人信息）。

这些数据来源不同，其标识、格式、内容分类、实时性要求等方面存在很大差异，需要按不同规范、用不同方式处理，形成结构化或半结构化的数据存储在云数据仓库，再经分布式处理流程得到一定粒度的业务和统计指标、概率分析、偏好分析等。这些分析数据，以综合报表的形式存储于关系数据库，它们是构建大数据体系的基础。

2. 用户业务管理

根据用户类型的不同，业务可分为两类，一类是艺术家作为主要信息发布者在系统中的业务，主要是艺术家在得到系统管理员授权后可在前台对自创内容（包括作品、简介与创作情况等）输入更新；另一类是公众作为公共艺术品鉴赏主体对作品的艺术评论与意见信息，后者是在前者信息基础上，按照一定审美意愿进行的二次信息的整合、抽象和概括，实现以作品为中心的信息"生产—挖掘—价值化"的循环。

艺术家发布信息来源于艺术家在创作公共艺术作品时采集到的作品基础信息、功能简介及其位置信息等，并基于艺术家主观意愿分类而得到的公共艺术作品基础标签，如创作时间、使用材质、摆放位置等。

公众意见信息是对艺术家发布信息的进一步整合和抽象，基于公众对作品的主观感受，使得不同公共艺术作品的"公众感受"可以归纳为同一类"关键词"，其次是把这些用户的"公众感受"作二次的高度抽象，把每个"关键词"划分为不同的聚类和群体，以此作为对公共艺术作品创作的公众意见趋势分析的基础。

3. 智能数据趋势分析

基于信息视图和信息综合报表，可以为公共艺术作品打上"关键词"标签，不同的标签可以按照层次逐级归纳，形成更高层次的标签分类。通过多个作品的标签的进一步的归纳汇总，可以多角度、立体化的呈现作品的标签特征，建立基于视图的公共艺术作品分群，从而为最终预测公共艺术作品发展趋势奠定基础。如满足下面三个条件的作品可以定义为"热门作品"。

① 浏览量位于所有作品排序的前30%。

② 检索量不低于所有作品的平均检索量。

③拥有一定的下载量。

从理论上说，一旦大数据平台具有了完备的智能趋势分析能力，也就具备了人的典型特质——创造力。沿着这个思路扩展，基于大数据的智能趋势分析，在帮助研究者认清复杂艺术现象背后隐藏的种种关联的同时，也在帮助艺术家从事着一种全新的艺术创作。艺术家可以透过这些关联性发掘大数据背后的艺术灵感，为艺术创作融入新的思路。

四、大数据应用场景

以"大数据平台"为依托，以公共艺术信息资源为中介对接的城市公共艺术信息资源库，既在网络环境下与艺术家和公众形成了互动，又横向地将与公共艺术相关的其他信息汇聚在一起，利用大数据平台的数据处理流程，实现数据的价值增值。在实际的运行中进行了一系列的应用实践，包括公共艺术作品差异化推荐、用户个性化需求定制等。

1. 公共艺术作品差异化推荐

在用户浏览信息资源库过程中，系统对用户行为进行自动采集，比如常用检索关键词等，并根据这些浏览行为基于大数据分析形成差异化推荐。比如用户A通过检索引擎查询位于某省的公共艺术作品，得到结果之后，系统顺便向他推荐了该省某位艺术家B的公共艺术作品，用户A非常乐意地接受了。如何知道用户A会喜欢艺术家B的作品？这是因为用户A的过往检索、浏览和下载行为信息已经通过大数据处理流程分析后存储在数据与业务云数据仓库中了，在这些信息中用户A显示出具有喜欢艺术家B作品的倾向，符合目标用户特征。在实际运行中，这种基于大数据分析形成的差异化推荐节省了检索过程因数据冗繁而带来的时间与精力的耗损，给予用户良好的体验过程。

2. 用户个性化需求定制

大数据时代，用户个体特征具有较大差异性，因此，不同的读者具有不同的需求。大数据平台依据用户的不同需求，将用户归纳为不同的群体，并提供可定制的个性化服务。公共艺术大数据分析的一个重要应用是用户需求的个性化定制，其核心是以用户为中心，根据用户兴趣需求提供针对性的业务流程，比如检索过程中为用户提供个性化的检索服务：大数据平台通过数据与业务云数据仓库、统一视图库形成的信息综合报表对用户检索活动、浏览历程、检索心理进行分析与判定，明确不同用户的文化水平、个人爱好和审美需求，依据所采集的用户行为，预测、判定进而识别用户的数据检索的真实意图。检索过程中对所检索到的相关数据进行查找与匹配，并根据用户需求和数据价值对检索结果进行排序。

五、小结

随着大数据应用于公共艺术领域，赋予公共艺术在一个数据量大、增长迅速、非结构化、知识发现颇为不易的时代中寻求思维转变与创新的机会。舍弃"因果"、寻找"关联"与发现"趋势"之间相互联系、彼此促进，成为当前公共艺术实践中一个不可逆转的趋势。我国城市公共艺术信息资源库，旨在利用大数据的规模性、多样性、价值性、实时性的特点，实现对公共艺术发展趋势的精准预测，为公共艺术的研究与发展提供一种全新的策略与路径。

附录1 《我国城市公共艺术信息资源库》系统分析

第一节 《我国城市公共艺术信息资源库》需求分析

一、编写目的

对用户调研后的文字材料、方便与用户的交流及防止人员的变动带来的问题，经用户确认后作为详细设计的依据。

二、读者对象

客户，程序设计人员，系统设计人员、系统测试人员。

三、编写原则

本需求规格说明书的编写遵循以下原则。

1. **确定性**

需求规格说明书中的功能、行为、性能描述必须与用户对目标软件产品的期望相吻合。

2. **无歧义性**

对于用户、设计人员和测试人员而言，每一个需求只有一种解释，确保无歧义性的措施是使用标准化术语，并对术语的语义进行显式的、统一的解释。

3. **完整性**

包括全部有意义的需求，无论是关系到功能的、性能的、设计约束的，还是关系到属性或外部接口方面的需求；要符合《需求规格说明书》要求，如果个别章节不适用，但要在需求规格说明书中保留其章节号；填写需求分析说明书的全部插图、表等，并且定义全部术语和度量单位。

4. **可验证性**

对于需求分析中的任意需求，人或机器都能通过过程检查软件产品能否满足需求。

5. 一致性

需求分析中的各个需求之间的描述是不能矛盾的。

6. 可修改性

具有一个有条不紊的易于使用的内容组织，具有目录表、索引，同时保证没有冗余。

7. 可追踪性

需求分析保证每一个需求的源流清晰。

8. 可理解性

需求分析应保证用户、设计人员和测试人员的理解一致性，同时满足运行和维护阶段的可使用性。

四、项目背景

本需求分析是"城市公共艺术信息资源库"技术文档建设中的一部分，系统的开发原则和设计目标是充分考虑我国城市公共艺术信息资源库建设与应用研究项目的要求来制定。

五、定义

1. 事件

系统中的一个基本单位，事件具有以下属性：编号、名称、产生源、目的地、生成顺序、及携带的参数等。

2. 城市公共艺术信息资源库系统

由计算机设备、网络通信设备、计算机软件、网络技术、信息资源和使用人员有机结合的整体。实现人员管理、信息查询、权限管理等方面的多种应用。

3. 业务流程图

图示事务处理过程及其携带的数据，其中方框表示节点，带箭头连线表示处理过程走向，连线上的文字上部表示该事务处理名称，下部表示在处理过程所处理或携带的数据（文/表），处理过程的先后顺序由事务处理名称前的序数标识。

4. 系统

在本说明书中，独立使用"系统"一词时，"系统"是指"城市公共艺术信息资源库"。

六、参考资料

1. GB8566，计算机软件开发规范

2. GB9385-88，计算机软件需求说明编制指南

第二节 任务概述

一、软件总体说明

城市公共艺术信息资源库的开发目标是利用信息技术的优势，以我国城市公共艺术信息资源库建设与应用研究项目的需求为基础，建设一个功能齐全、操作灵活，使用方便的城市公共艺术信息资源库。本系统主要包括四大模块：作品模块、理论研究模块、人物模块和政策研究模块。其中，作品模块涵盖录入、检索、结果呈现三大子模块。录入子模块负责录入作品相关信息，为方便检索，定义作品属性集为：主题、名称、作者、关键词、时间、机构、材质、位置、资金来源、空间、简要描述、图片集、下载链接。其中，图片集能上传多张照片、下载链接在检索结果呈现模块以按钮形式出现；检索模块包括简单检索、高级检索、专业检索分类检索，并按空间元素进行分类。

本系统实行用户账号单点登录集中化管理的模式，系统管理员通过系统配置模块对整个系统进行方便、有效的设置和管理；二级用户拥有各自的账号及密码，系统管理员根据用户需求赋予用户各自的职能和权限。系统管理员的权限如下。

① 建立城市公共艺术信息资源库，用户可以通过网络来共享信息资源，访问各种授权的信息查询；

② 建立城市公共艺术信息资源库人员管理模块，使其成为系统的人员管理中心；

③ 建立城市公共艺术信息资源库的权限管理模块，能为不同人员指定相应权限；

④ 建立城市公共艺术信息资源库的系统管理模块；

⑤ 建立城市公共艺术信息资源库的作品录入模块；

⑥ 建立城市公共艺术信息资源库的检索模块；

⑦ 建立城市公共艺术信息资源库的呈现模块；

⑧ 建立城市公共艺术信息资源库的理论研究模块；

⑨ 建立城市公共艺术信息资源库的人物模块；

⑩ 建立城市公共艺术信息资源库的政策研究模块；

二级用户在系统中能实现的功能如下。

　　[1]人员管理。包括人员的增加，人员信息的修改，以及修改自己的密码与授权码。

　　[2]权限管理。包括设置角色，为角色指定权限，以及为人员设定角色。

　　[3]系统管理。对软件进行基本的管理，动态增加模块。

　　[4]作品管理。包括作品的录入检索呈现等功能，录入相应信息并增加相应的辅助信息，便于计算机处理。

　　[5]理论研究管理。

　　[6]人物（艺术家）管理。

　　[7]政策研究管理。

二、系统的特性

1. 高可用性原则

　　城市公共艺术信息资源库运行在互联网上，在有一定数量并发用户数的情况下，保证系统的正常运行，用户能进行快速访问，都将是本系统设计的重点考虑的问题。如何保障数据的安全，也是设计时仔细考虑的问题之一，建立整个系统的安全策略。

2. 可维护性和可扩展性

　　在当今的形势之下，信息数量越来越多，产生的速度也越来越快。所以为了保证整个系统的信息便于更新，应该使用让系统具有开放性的结构，可以对整个系统的信息进行动态的调整。建立系统相应模块，使信息得到及时的扩展和更新。

3. 数据库性能

　　透明的分布式系统结构。基于Brower/Server分布式网络体系结构的分布式数据库系统。能够支持分布式透明、节点自治（场地自治），支持多个服务器的分布式查询和分布式更新，使用户透明地访问各个数据库服务器。采用业界领先公司Microsoft推出的旗舰产品MS SQL Server 2008。Microsoft数据库产品符合开放系统标准ISO/OSI，在与异种机的DBMS互联和不同DBMS数据转换机制上是各主流数据库产品中支持最好的。

4. WEB服务器

　　采用Internet Information Server 6.0或Internet Information Server 7.0，根据操作系统而定。Internet Information Server是个高效率、高安全性的网站平台，提供一系列创建和管理Internet/Intranet解决方案的高级工具。包括SNMP管理，修改控制，集成verity查询引擎，数据库连通性和网点管理等。

5. 体系结构

采用浏览器/服务器结构，图形用户界面(GUI)与大部分应用逻辑都是运行在浏览器中，数据库则放在服务器上，维护起来非常方便。使数据层与接入层的分离，解决了网络运行速度慢、网络冲突、死机、数据峰值高等问题，提供真正的网络解决方案。

6. 安全策略

在用户正确登录网络后，用户可以访问服务器。应用系统将在用户使用系统中的（功能）模块时，核审用户权限，确认用户是否能够使用应用系统，具有何种操作权限，在用户菜单中，只会出现该用户具有权限的选项。数据库系统提供用户访问数据库系统的安全控制。

第三节　业务需求调查

一、业务处理整体流程调查

1. 总体流程图

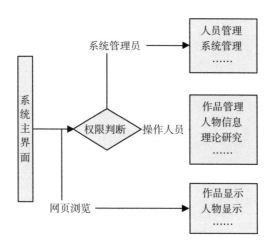

2．业务处理环节定义及处理说明

系统管理员访问：系统管理员可以在城市公共艺术信息资源库上进行各种操作，具有最高权限。

操作人员访问：操作人员在获得授权的情况下可以进行作品管理、人物管理、理论研究管理等模块进行相应的授权操作。

网页浏览人员访问：显示作品信息、人物信息等内容。

二、对新系统的环境要求调查

城市公共艺术信息资源库运行环境配置如下：

体系结构（Browser/Web Server/DB Server）

网络平台：TCP/IP、以太网。

操作系统：Windows 2003 Enterprise sp2或Windows 2008 Enterprise R2

数据库管理系统：SQL SERVER 2008或SQL SERVER 2012

第四节　系统分析

一、系统组成分析

城市公共艺术信息资源库由2个应用共15个模块组成。

① 系统管理应用

系统应用

应用列表管理　应用模块管理　部门资料管理　角色资料管理

人员资料管理　应用字段设定　事件日志管理　在线用户列表

② 系统维护

系统运行状态　系统出错日志　系统环境配置

③ 资源管理应用

作品管理　作品录入管理　作品检索管理　作品呈现管理

④ 理论研究管理

理论研究录入管理　理论研究检索管理　理论研究呈现管理

⑤ 人物信息管理

人物信息录入管理　人物信息检索管理　人物信息呈现管理

⑥ 政策研究管理

政策研究录入管理　政策研究检索管理　政策研究呈现管理

⑦ 调查统计管理

调查统计设置管理

⑧ 竞榜比赛管理

竞榜比赛录入管理　竞榜比赛检索管理　竞榜比赛呈现管理

二、功能分析

1. 总体功能分析

整个系统设计基于高可用性、灵活性和可扩充性的模块化设计思想。友好的使用界面，使访问者能很快熟悉系统的模块设置，获取自己所需要的信息。强大的管理系统，使管理员能够高效、便捷地管理整个系统。

2. 人员管理功能分析

人员管理模块包括浏览人员信息、增加人员、删除人员、修改人员信息及显示所有在线人员的功能。

功能说明：

① 系统管理员通过人员管理模块录入人员信息；

② 只有授权人员才拥有对人员信息进行录入、修改、删除、浏览的权限；

③ 系统管理员不能修改个人密码，只有用户自己才能修改个人密码；

④ 模块结构设置按照三层模式进行设计，模块具有可扩充性；

⑤ 显示所有在线人员。

三、权限管理功能分析

权限管理模块包括建立、删除角色；为角色分配权限，修改角色的权限；为人员指定一个或多个相应的角色，修改人员使用的角色。

功能说明：

① 系统管理员才能使用权限管理模块；

② 可为系统中的每一模块定义默认权限，有列表新增修改删除打印等权限。

③ 权限分配使用人员、角色、模块、权限四层，方便灵活分配权限；

④ 人员可以拥有几个角色，对角色的权限进行叠加。

四、作品管理功能分析

系统管理员或具有权限人员可通过作品管理模块增加、修改和删除作品的相应等信息。

检索功能模块要求能实现初级检索、高级检索、分类检索、专业检索。

功能说明：

① 系统管理员授权的操作人员才能使用作品管理；

② 作品信息包主题、名称、作者、关键词、时间、机构、材质、位置、资金来源、空间（商业空间、景区、社区、教育场所、公共交通空间、政府机

构）、简要描述、图片集、下载链接等；

②统计商品点击率；

④按省、市、区查询；

⑤前后台上传，对上传信息进行审核；

五、理论管理功能分析

理论管理模块主要包括当前本领域内的相关理论呈现。

功能说明：

系统管理员授权的操作人员才能使用操作本模块；

前台进行理论搜索。

六、人物管理功能分析

人物管理模块主要呈现有关艺术家的信息。

功能说明：

系统管理员授权的操作人员才能使用操作本模块；

艺术家在得到系统管理员授权后可在前台提供的内容输入模块中更新。

前台进行人物搜索。

七、政策管理功能分析

政策管理模块主要呈现有关政策信息。

功能说明：

系统管理员授权的操作人员才能使用操作本模块。

八、调查统计管理功能分析

调查统计管理模块对资源库信息的影响力、点击率进行统计分析。

功能说明：

系统管理员授权的操作人员才能使用操作本模块。

九、竞榜比赛管理功能分析

竞榜比赛管理模块发布竞榜、比赛信息，便于组织各类公共艺术活动。

功能说明：

系统管理员授权的操作人员才能使用操作本模块。

附录2 我国城市公共艺术资源信息平台构建方案

第一节 项目情况介绍和发展计划

一、项目总体宗旨

本项目是近年来在艺术数据信息领域研究较为深入的一个大型项目，项目研究的过程也是整个团队磨合、发展、壮大的过程。对我国公共艺术的建设、团队建设、资金和资源筹措具有极具意义的作用。项目的整体目标是将我国各城市与公共艺术相关的各种信息资源进行综合收集、整理，以资源库形式展现，并将其应用与具体的公共艺术创建活动中，实现数据对我国城市公共艺术建设事业的深层次介入。资源库中的公共艺术资源信息收集以国内各城市中目前存在的公共艺术信息为主，同时通过对世界各国优秀城市公共艺术数据信息进行收录。通过与二者之间的同类比较，为学术研究、艺术欣赏以及商业运用服务。

1. 近期目标

项目近期目标主要对公共艺术资源信息平台的研发与资源的收集整理，并在此基础上形成完整的公共艺术资源系统，并且完成一系列的相关测试，利用与成熟艺术类门户网站的合作，实现市场宣传与开拓，力争在最短的时间内扩大系统知名度，并完善系统功能，迅速完成市场渗透。

2. 远期目标

通过项目的不断开发，积累公共艺术品开发、推广、运营和管理的经验，为公共艺术品研发、公共艺术IP转化工作提供资源、经验和人力资源配备。

① 平台建成后，拟通过三到五年时间，实现全国公共艺术家信息、公共艺术品信息、各城市公共艺术政策的整合，提升平台信息保有量，成为艺术资讯平台的重要组成部分。

② 由于公共艺术即将纳入五年一届的全国美展和三年一届的全国艺术节，我们希望借助其影响力打造全国性的公共艺术比赛传播窗口。

③ 在更长的时间内，我们将广泛收集世界范围内优秀公共艺术家与公共艺

术品信息，扩展系统的资源内涵，发展成国内外具有一定影响力的公共艺术资讯交流平台。

④ 我们还希望为政府相关部门、艺术团体组织实施城市公共艺术项目提供有价值的参考资料。

⑤ 通过数据的积累，我们还将打造优秀公共艺术IP库，为公共艺术版权交易服务。

二、项目概述

目前开发的项目名为《我国城市公共艺术资源信息系统》，是国家社科基金艺术学项目《我国城市公共艺术信息资源库建设与应用研究》的重要成果。该项目主要是以我国城市公共艺术为蓝本，拟将城市公共艺术案例、媒介资源、各地政策、各公共艺术项目运作组织实施程序、各地公共艺术管理维护方法、公众影响评价等综合集成为资源库，以网络传播为基本呈现方式，以城市公共艺术的构建样式为基本研究内容和资源构建对象，采用拆分重构策略来组织和建设平台，资源库的结构模块化，由一系列不同的而又相关联的模块组成，各个模块之间通过反馈和交互手段等形成一个体系，建立各种资源的内在联系，形成资源内在的知识网络。使用者可根据自己的需要使用各模块，也可拆分重构进行需求组合。因此，本成果在结构上有一定的突破，正是推进城市公共艺术规范化、大众化的需要，也体现了时代发展的多样化需求。时至今日，市场上未见有同类型资源信息库出现，本系统属于开创先河之举。

三、项目特色

① 信息资源库的建立，将公共艺术领域内的各种零散数据和城市公共艺术资料进行整理、归纳，是国内外对于公共艺术数据研究的首创之举。

② 本系统的创新之处还在于对城市公共艺术信息整理的基础上，形成具备收录和检索功能的公共艺术检索系统（信息资源库），不同于以往研究者对于公共艺术单个方面的研究，是一种对于公共艺术信息资源的综合性研究，是一种研究对象的创新。

本成果在结构上有一定的突破，正是推进城市公共艺术规范化、大众化的需要，也体现了时代发展的多样化需求，是一种方法创新。

四、项目研发时间预估

项目第一期研发总周期为 12 至 18 个月。分为资源准备期、平台开发期、系统整合期、测试发布期四个阶段。

1. 资源准备期

工作：对我国城市公共艺术资源的收集、整理、分类；

策划：文案编写，包括选材，数据挖掘等；

美工：对收集到的图片进行修饰以符合系统上传标准。

2. 平台开发期

技术：主技术框架搭建；

策划：程序编写，包括技术路线选择、草案细化、系统框架等；

美术：美术风格确定，提交试用图量并整合，网站页面设计，制作尝试阶段，网站雏形完成。

3. 系统整合期

技术：组织人员将收集整理归档的资源上传至平台，形成初步的信息资源系统；

美术：图量正式制作及量产阶段。

4. 测试发布期

技术：bug 修正与稳定期；

策划：测试并反馈 bug，质量把关；

美术：后期美术效果完善。

第二节　潜在用户群体分析和价值分析

本系统主要面向广大的公共艺术学习者、爱好者、创作者、决策制定者和管理者、研究者、文化艺术界人士、艺术赞助商、城市居民等，这是一个庞大的群体。

一、消费者需求和动机分析

本系统中的大数据信息是一种商品，消费者之所以有购买动机，是因为它能够为消费者带来一定的需求满足。

激发研究：这个因素主要体现在广大的公共艺术研究者与学者身上，通过本系统，这类人群可以获取学习与研究所需的各类资料，从而达成学习、研究目标。

竞争取胜：当下中国，艺术融入城市建设已成为某种共识，由此催生的大量公共艺术策划与建设团队，各团队之间竞争日益激烈。本系统之于这类人群的价值在于帮助他们拥有击败或支配其他团队的第一手资料。

社会交往：公共艺术涉及建筑、艺术、管理等多个领域，各个领域内的专业人士在从事公共艺术事业时，存在交流交际的需求，他们不介意与其他人讨论涉及事业的各种问题。他们需要的是亲密合作，以在面对工作中的问题时获得必要的支持。本系统在设计之初就考虑了这种需求，并构建了属于这类人群的公共交流平台。

随着国家对公共艺术的重视，行业将会迎来一个高速发展的时期，由此引发的外部环境的进一步改善，将会为本系统的发展与传播提供良好的外部环境。

二、盈利模式分析

无论是免费模式或者是收费模式，系统的营运是需要成本的。归纳成一个很简单的问题就是，"钱"从何来？这就涉及收费方式问题。为了更好地进行分析，下面列举拟采用的收费方式。

① 广告收费：目前最为流行的收费方式，采取在系统网站中嵌入艺术类广告，并向商家收取相关费用。

② 资源收费：提供各方面的资讯查询和链接，并且能通过内置形式表现出来，并出售系统已有的案例资源，向买家收取相关费用。

③ 中介收费：在公共艺术家、设计者与建设者、决策者之间搭建交流的渠道，并收取一定费用。

我们希望打造国内最大最全的公共艺术资讯平台，成为国内乃至世界最有影响力、最权威的公共艺术交流平台，届时成为集聚各类公共艺术资讯的窗口，资讯的汇集将成为本系统的最大盈利点。

三、消费者需求与盈利模式对项目开发的影响

1. 消费者行为分析对后续游戏研发的影响

通过对潜在消费群体行为进行分析和研究，有助于系统开发方和运营方更加深入理解客户的消费行为。以此作为基础，在系统开发的时候，我们能更好地抓住消费的需求和心理变化，使系统的开发和运行过程当中，提高消费者对系统的满意度。

2. 盈利模式对后续研发的影响

必须明确一点，随着系统的运营与发展，旧的收费方式肯定会随之进行改革，新的收费方式会产生并取缔旧的收费方式。优胜劣汰是向前发展的自然法则，不同的收费模式只适合相应的发展阶段，没有最好的收费模式，只有最适

合的收费模式。

第三节　该数据库项目的应用前景分析——基于 SWOT分析

运用市场环境的SWOT分析本资源库所面向的市场，也包括外部环境和项目的内部环境，首先从总体上说明公共艺术资源信息系统所面临的各种机遇和挑战，针对市场现状，说明项目在市场中存在的优势(superiority)、劣势(weakness)、机会(opportunity)和威胁(threats)SWOT分析。

一、优势

1. 需求旺盛

大量的数据表明在未来的20年中，城市公共艺术建设将会是一个充满发展前景的行业，特别是人们对于环境艺术的稳定持续的需求将会给这个行业带来不可估量的发展空间。伴随着我国城镇化的发展，公众对于城市环境提出了更高的要求，客观上对公共艺术设计师、决策部门提出了新的课题。

2. 团队优势

研究团队成员已经共同合作了三年以上，有较强的团队整体意识，有充分的共识，彼此熟悉，磨合充分，有共同的理念和团队奋斗方向，对于公共艺术设计方向有一套团队内部的评判标准。比如来自于高校的成员可以借学术交流完善和推广本系统，二来自文化部直属《中国文化报》等媒体的宣传力量可以有效提升本系统的影响力。

3. 系统本身具有的潜在价值

① 信息资源平台的建立为国内公共规划和实施提供了全面的信息查询的平台。网络平台的建立为公共艺术与公众之间实现交互提供了可能。

② 信息资源库的建立理顺了长期以来对公共艺术研究的各种数据。

③ 为国内沿海较为发达城市与内陆欠发达地区的公共艺术建设搭起一座沟通的桥梁。

④ 对我国城市化背景下的城市公共空间建设有着积极意义，特别是城市社区空间的艺术化建设提供理论指导。

⑤ 为公共艺术的可持续发展研究提供了大众平台。实现了探讨、研究、创新为一体的公共艺术研究的新方式。

二、劣势

主要表现在项目进入市场初期，其知名度不够，导致在线人数不高，但项目产品有其足够的竞争优势，这就需要相关我们制定完善的市场拓展方案，综合利用广告、公共关系、促销等多种手段，迅速扩大市场知名度，吸纳会员，使市场进入期尽可能的缩短，从而更快地建立起完善的发展平台，将项目带入良性发展轨道。

三、机会

① 本项目设计出便捷实用，界面友好、交互人性的信息查询平台，能为客户提供轻松友好的查询体验，为不同层次的人群提供深入了解公共艺术的机会；

② 系统设计能实现公众探讨、研究与创新的平台，该平台能将公众输入信息进行分类处理，并将有用信息进行识别、突出、反馈，形成完善的信息资源库；

③ 本项目形成具备收录和检索功能的公共艺术检索系统，为公共艺术的文献保存与传承提供平台。

四、威胁

1. 题材撞车风险

风险：在中国以信息资源库为形式的网站层出不穷，由于以往的资源库网站大多给人以资源堆砌的印象，作为系统的表现形式，对于开拓新的市场或者对吸引新的客户群都是不利的。

对策：虽然本项目以"库"为表现形式，但在公共艺术领域却是新的尝试，有别于一般的资源库类的网站。同时，在网站当中，我们设计了互动的环节，使用现代的科技配合公共艺术活动的开展，并以此作为突破口贯彻始终。

2. 市场竞争风险

风险：随着项目进入市场，必然会有类似的网站出现，由此便会产生竞争，有竞争就有风险。

对策：应对市场竞争的方式主要有两点，一是把握市场先机，率先抢占市场，在这一点上，我们已经走在了前面，作为国家社科课题的阶段性成果，成果本身就具有前瞻性；二是实现产品差异化，并且掌握丰富的第一手资料，以丰富的资源抢占市场制高点。

3. 内部风险

一是行业人才获取及培养方面的。

风险：本项目的运行需要既对公共艺术具有深入了解，又能把握当今技术发展方向的专业人员，此类人才目前在市场上极为短缺。

对策：利用团队核心人员从业积累的人脉关系，引进优秀、年轻的人才；注重自身的人才培养与储备，培养学习型的组织氛围，人尽其才，位尽其人。

二是技术难关的集中攻克方面的。

风险：无可否认，本项目对技术提出了很高的要求，随着项目的开展，大量的技术难题将会涌现，对开发人员的要求将会越来越高。

对策：保持人才的稳定，保证技术实力，从而保证项目品质；构建有效的激励机制，鼓励技术人员攻克难关，并且成立攻关奖励基金，奖励有功人员。

参考文献

[1] ［美］刘易斯. 芒福德. 宋俊岭，倪文彦译. 城市发展史[M]. 北京：中国建筑工业出版社，1989.

[2] 段忠桥. 当代国外社会思潮[M]. 北京：中国人民大学出版社，2001.

[3] R．A．马尔. 现代、后现代与文化的多元性[J]. 国外社会科学，1995（2）：35.

[4] 周成璐，张予矛. 后现代思潮与公共艺术[J]郑州大学学报，2008（11）：116.

[5] 孙振华. 走向生态文明的城市艺术[J]. 雕塑. 2012（5）.

[6] 刘文沛，紫舟. 源流与参照-公共艺术政策初探[J]. 公共艺术. 2013. 5-11.

[7] 马佳. 城市公共艺术项目运作组织研究[D]. 哈尔滨：哈尔滨工业大学，2009：12-13.

[8] 黎燕、陶杨华、陈乙文. 国内城市百分比公共艺术政策初探[J]. 规划师.《规划师》杂志社，2008：55-59.

[9] 中办发[2007]21号. 中央办公厅、国务院办公厅关于加强公共文化服务体系建设的若干意见.

[10] 周成璐. 公共艺术的逻辑及其社会场域[M]. 上海：复旦大学出版社，2010.

[11] 王中. 公共艺术概论[M]. 北京：北京大学出版社. 2007.

[12] 林岗、刘元春. 诺斯与马克思对社会制度起源和本质的两种解释[J]. 经济研究. 2000：58-66.

[13] 周成璐. 公共艺术的社会学研究[D]. 上海：上海大学，2010. 5：187.

[14] 翁剑青. 解读城市公共艺术[N]. 中国艺术报. 2011-12-27（3）.

[15] 黄鸣奋. 大数据时代的艺术研究[J]. 徐州工程学院学报（社会科学版），

2013（6）：83.

[16] 高杰. 延安文艺座谈会纪实[M]. 西安：陕西人民出版社，2013.

[17] 孙振华. 公共艺术时代[M]. 南京：江苏美术出版社，2003.

[18] ［法］米歇尔·福轲. 话语的秩序[C]. 北京：中央编译出版社，2011.

[19] ［法］布迪厄，华康德. 实践与反思[M]. 北京：中央编译出版社，1998.

[20] 赵泽洪，兰庆庆. 公共管理中的话语权冲突与重构[J]. 重庆大学学报(社会科学版). 2014（6）：174.

[21] ［法］奥古斯特·孔德:《实证哲学教程》[M]. 上海：上海社会科学院出版社，1987.

[22] 王中. 公共艺术概论[M]，北京：北京大学出版社，2007.

[23] 孙婷婷. 公共艺术项目范式与中国政策制定的探究[D]，南京：东南大学，2012.

[24] 原杉杉. 公共艺术机制与管理研究[D]. 北京：清华大学. 2005.

[25] ［日］松尾丽. 日本城市公共雕塑的建设以及管理事业的研究——东京都为例[D]. 北京：中央美术学院，2013.

[26] 任娟. 从几个作品看西方旧建筑改造的新趋势[J]. 哈尔滨工业大学学报(社会科学版). 2010（1）：21.

[27] 刘文沛、紫舟. 源流与参照——公共艺术政策初探[J]. 公共艺术，2013：5—11.

[28] 辛文. 新美学的崛起——公共艺术与城市文化建设研讨会综述[J]. 美术观察，2013（8）：33.

[29] 林岗、刘元春. 诺斯与马克思对社会制度起源和本质的两种解释[J]. 经济研究，2000：58-66.

[30] ［美］M．H艾布拉姆斯. 郦稚牛，张照进，童庆生译. 镜与灯—浪漫主义文论及批评传统[M]. 北京：北京大学出版社，2004.

[31] 刘茵茵. 公共艺术及模式：东方与西方[M]. 上海：上海科学技术出版社. 2003.

[32] ［美］苏珊·朗格. 滕守尧、朱疆源（译）. 艺术问题[M]. 北京：中国社会科学出版社，1983.

[33] 王向峰. 艺术媒介：审美信息的物质载体[J]. 辽宁大学学报. 1988（1）：37.

[34] 叶澜. 试论当代中国教育价值取向之偏差[J]. 教育研究，1989（8）：62.

[35] 翁建青. 公共艺术的观念与取向[M]，北京：北京大学出版社，2002.

［36］ 王峰，过伟敏. 数字化城市公共艺术媒材与空间探寻[J]. 装饰，2010(11)：22.

［37］ 张娟. 穿过卢浮宫的"时空"—走近建筑大师贝聿铭[J]，建筑，2009（1）：33.

［38］ 王松杰、吴晓. 城市中的雕塑——雕塑的"城市性"初探[J]. 建筑与文化，2010（07）：10.

［39］ 黎燕、张恒芝. 城市公共艺术的规划与建设管理需把握的几个要点——以台州市城市雕塑规划建设为例[J]. 规划师，2006（08）：15.

［40］ 季欣. 中国城市公共艺术现状及发展态势研究[J]. 大连大学学报，2010（5）：70.

［41］ 季铁. 基于社区和网络的设计与社会创新[D]. 长沙：湖南大学，2012.

［42］ 杜辉华、喻心麟. 文献信息检索实用教程[M]. 大连：大连理工大学出版社，2010.

［43］ 王鹤. 公共艺术创意设计[M]. 天津：天津大学出版社，2013.

［44］ 赵慧勤. 网络信息资源组织——Dublin Core元数掘[J]. 情报科学，2001（4）：439-442.

［45］ 翁剑青. 城市公共艺术———种与公众社会互动的艺术及其文化的阐释[M]. 南京：东南大学出版社，2004.

［46］ 赵慧勤. 网络信息资源组织——Dublin Core元数掘[J]. 情报科学，2001（4）：62.

［47］ 古志明. 美术学院艺术资源数据库建设方案与实施[M]. 广州：华南理工大学，2012.

［48］ 周刚等. 公共艺术品社会价值的实证调研—杭州案例[J]. 装饰，2012（12）：123.

［49］ 袁隆. 初探网络公共艺术在中国互联网的现实性[J]. 新视觉艺术，2011（5）：31.

［50］ 吴士新. 中国当代公共艺术研究[D]. 北京：中国艺术研究院，2005：6.

［51］ 周恺. 基于互联网的规划信息交流平台和公众参与平台建设[J]. 国际城市规划，2012(27)：103.

［52］ 江哲丰，张淞. 媒介在公共艺术中的作用与价值研究[J]. 艺术评论，2014（6）：139-142.

［53］ 江哲丰. 城市公共艺术思潮在当代中国的启蒙、演变与展望[J]. 艺术百家，2015（7）：239-240.

［54］ 张淞，江哲丰. 大数据时代的公众公共艺术话语权探析[J]. 福建论坛(人文社会科学版)，2015(10)：162–166.

［55］ 江哲丰，张淞. 基于互联网的公共艺术交流语境营造、设计与实现——浅析公共艺术交流平台的建设与应用[J]. 同济大学学报，2016（1）：84–89.

［56］ 江哲丰. 新常态下我国城市公共艺术相关问题及对策思考[J]. 湖南社会科学，2016(12)：183–186.

［57］ 江哲丰. 城市商业空间中的公共艺术研究[J]. 美术观察，2014（4）：129.

［58］ 江哲丰. 国际化视野下城市公共艺术案例研究[J]. 湖南工程学院学报，2014（6）：110–114.

［59］ 江哲丰. 我国城市建设公共艺术问题及其对策研究——以北京、上海、深圳为例[J]. 赤峰学院学报(汉文哲学社会科学版)，2015（2）：183–185.

［60］ 江哲丰. 城市公共艺术对公众的积极影响管窥[J]. 山东农业工程学院学报，2015（1）：134–136.

［61］ 江哲丰. 我国中小城市公共艺术建设的调查与思考——以长沙、太原、台州、嘉兴四市为例[J]. 教师，2014(11)：34–37.

［62］ 张淞，江哲丰. 整合与分析：我国城市公共艺术信息资源库的建设及应用价值研究[J]. 北京联合大学学报（综合版），2015(10)：71–77.

［63］ 张淞. 网络环境下我国城市公共艺术信息整合建库探究——以《我国城市公共艺术信息资源库建设》为例[J]. 湖南科技学院学报，2015（4）：178–181.

［64］ 张淞. 城市公共艺术品的管理与维护[J]. 美术大观，2014（4）：72.

［65］ 江哲丰. 城市公共艺术项目运作模式研究[J]. 雕塑，2014（3）：70–72.

［66］ ［美］考夫卡. 格式塔心理学原理[M]. 北京：北京大学出版社，2010.